昆蟲記

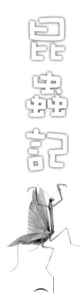

（法）法布爾 原著

王大文 譯

商務印書館

昆蟲記

原　　著 : (法) 法布爾

翻　　譯 : 王大文

責任編輯 : 楊克惠

出　　版 : 商務印書館 (香港) 有限公司

　　　　　香港筲箕灣耀興道 3 號東滙廣場 8 樓

　　　　　http://www.commercialpress.com.hk

發　　行 : 香港聯合書刊物流有限公司

　　　　　香港新界荃灣德士古道 220-248 號荃灣工業中心 16 樓

印　　刷 : 中華商務彩色印刷有限公司

　　　　　香港新界大埔汀麗路 36 號中華商務印刷大廈

版　　次 : 2021 年 9 月第 1 版第 2 次印刷

　　　　　© 2007 商務印書館 (香港) 有限公司

　　　　　ISBN 978 962 07 1817 5

　　　　　Printed in Hong Kong

目　錄

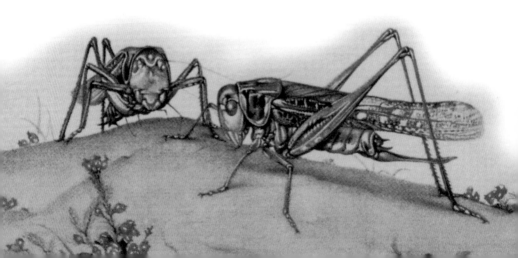

《昆蟲記》何以成為世界名著

在我們生活的地球上，人類已知的昆蟲種類約一百萬種，佔所有已經知曉的動物種類的六分之五；我們幾乎時時、處處都會和形形色色的昆蟲不期而遇。然而，我們對這個微小的動物世界了解有多少？

在法國，有一個人，在一塊"寂寞，荒涼，日光曬着，生滿薊草，特別為黃蜂和蜜蜂所愛好"的土地上，與昆蟲共舞三十年，直到生命最後一刻。他為不起眼的蟲子寫下數百萬字的"傳記"，並先後被翻譯成五十多種文字，百年來久暢不衰。創造這個奇跡的是法國昆蟲學家法布爾（Jean-Henri Fabre，1823～1915）和他的《昆蟲記》。

《昆蟲記》記錄了法布爾一生對昆蟲行為研究與觀察的成果，涉及一百多種昆蟲，記錄牠們的食性、喜好、生存技巧、天敵、蛻變、繁殖……。翻開《昆蟲記》，不見枯燥的數據表格、艱澀的術語概念，看到的卻是一齣齣昆蟲界的悲喜劇，使人感覺彷彿聽說遠親的消息一樣的迫切動心。法布爾曾比較自己與當時生物學家的工作，他說："你們是把昆蟲開膛破肚，而我是在牠們活蹦亂跳的情況下進行研究；你們把昆蟲變成一堆既恐怖又可憐的東西，而我則使得人們喜歡牠們；你們在酷刑室和碎屍場裏工

作，但我是在蔚藍的天空下，在鳴蟬的歌聲中觀察……你們探究死亡，而我卻是探究生命。"他把昆蟲看作最親密的朋友一樣去觀察、理解、愛與尊重，在法布爾筆下，那樣一個遠離塵囂的世界，居然也是這麼豐富多彩！

《昆蟲記》並不僅是一部昆蟲行為學的啟蒙著作，更因文學上的非凡成就而屢獲諾貝爾文學獎青睞。正如周作人所説："他的敍述，又特別有文藝的趣味，更使他不愧有昆蟲史詩之稱。"橫跨兩個世紀，《昆蟲記》至今依然深深地扣動着全世界讀者的心弦，喚起人們對萬物、對人類、對科普、對文學，甚或對鄉土的深刻省思，堪稱值得咀嚼回味，一讀再讀的不朽經典！

法布爾像

我的工作和作場

我們都有自己的才能，和特具的稟性。有的時候，這種稟性，看來好像是從我們祖先遺傳下來的，然而要追尋它們確實的來源，卻又是非常困難呢！

譬如，偶爾有個牧童，默數小石子，計算其總數，藉以消遣，於是他竟成為驚人的速算家，最後，也許可以成為數學教授。另外有個孩子，他的年齡，在旁的孩子們，還只注意玩哩，然而他離開正在遊戲的同學，去幻想一種樂器的聲音，於是他獨自聽到一種神秘的合奏了。他是有音樂天才的。第三個孩子，太小了，也許他吃麵包和果醬時還不能不塗到臉上，但是他竟有快樂的心情去雕塑黏土，製成小模型，居然還能十分生動。假使他的運氣好，將來總有一天要成為著名的雕刻家。

我知道，一個人講說關於自己的事，是頂討厭的，但是也許你們允許我來講一下，藉以介紹我自己和我的研究。

從我最早的孩童時代起，我已自覺與自然界的事物相近。假使認為我喜歡觀察植物與昆蟲的天性，是從我祖先遺傳下來的，那簡直是笑話，因為他們是沒有受過教育的鄉下佬，只知道注意他們自己的牛與羊，其他一無所知。我的祖父輩，只有一個翻過書本子，甚至他對於字母的拼法還是十分靠不住。至於說我曾有過科學訓練，那更談不到。沒有先生，沒有指導者，並且時常沒有書。我只不過是朝着常常在我面前的一個目的走，就是想在昆蟲的歷史上加上少少的幾頁。

回憶過去，在很多年前，那時我還是個極小的孩子，剛剛學認字母，然而對於這種初次學習的勇氣與決心感到非常的驕傲。記得最清楚的，卻是我第一次找尋到鳥巢和第一次採集到

蕈菌的那種高興的情形。

　　記得有一天，我攀登附近的山，在這山頂上，有一排很早就引起我濃厚興趣的樹林。從我家的小窗裏，可以看見它們朝天的立着，在風前搖擺，在雪裏彎腰，我老早就想能有機會跑近牠們面前去看看。這一次的爬山，時間很長久，我的腿又很短，我爬得很緩慢，因為草坡峻峭得同屋頂一樣。

　　忽然在我的腳下，有一隻可愛的小鳥，從牠藏身之處大石下飛起來。不到一會，我就找到了牠的巢，那是草與毛做的，而且裏面還排列着六個蛋。具有美麗的純藍色，光亮異常。這是我第一次找到的鳥巢，是小鳥們送給我許多快樂中的第一次呢！我歡喜極了，於是伏在草地上，非常仔細地觀察它。

　　這時候，母鳥很不安地在石上亂飛，“塔克！塔克！”地叫着，表現一種非常焦急的聲音。我當時年紀太小，還不能懂得牠為甚麼痛苦，當時我定下一個似食肉小獸那樣的計劃，預備先帶去一隻小藍蛋，做我的紀念品，然後，兩星期後再來，趁這些小鳥還不能飛時，將牠們拿走。還算僥倖，當我把藍蛋放在青苔上，很小心的走回家時，恰巧遇見一個牧師。

　　他説：“呵！一個薩克錫柯拉（Saxicola）的蛋！你從哪裏拿來的？”

　　我告訴他這段完全的故事，並且説：“我預備再回去拿走其餘的，當新生出來的小鳥初長羽毛的時候。”

　　“哎！你不許那樣做！”牧師叫起來了！“你不可以那樣殘忍，去搶那可憐母親的小鳥，現在做個好孩子吧！答應我不要碰這個鳥巢。”

　　從這一番談話中，我曉得了兩件事。第一件，搶劫鳥巢是殘忍的，第二件，鳥與獸同我們一樣，是各有名字的。

　　於是我自己問自己道：“我的許多朋友，在樹林裏的，在草原上的，是叫甚麼名字呢？薩克錫柯拉的意思是甚麼呢？”

幾年以後，我才曉得薩克錫柯拉的意思是岩石中的居住者，那有藍色蛋的鳥是石鳥。

沿着我們的村莊，有一條小河流過，河的對岸，有一叢山毛欅樹林，光直的樹幹如壁立的柱子，地上鋪滿了青苔。在這叢樹林裏，我第一次採集到蕈菌。它的形狀，偶然看去，好像母雞生在青苔上的蛋。還有許多別的種類，大小，樣式，顏色都不同。有些形式像鈴子，有些像燈泡，有些像茶杯；有些是破的，並且流出奶樣的淚；有些當我踏過的時候，變成藍色的顏色了。還有一種最稀奇的，像梨一樣，頂上有一個圓孔，大概是一種煙筒吧？我用指頭在下面一戳，會有一簇煙從煙筒裏噴出來。我裝滿了一袋子，高興時就弄它們出煙，直到最後縮成一種火絨。

我回到這個有趣的樹林裏去了好幾次，在烏鴉隊裏，研究蕈菌學的初步功課，這種採集，在屋子裏是不能得到的呢！

在這個觀察自然與做試驗的方法之下，我的所有功課，僅除掉兩種，差不多都學習過了。從別人那裏，只學過兩種科學性質的功課，而且在我一生中，也只有此兩種：一種是解剖學，一種是化學。

第一種我得力於造詣很深的自然科學家摩金坦東（MoquinTandon），他教我如何在盛水的盆中察看蝸牛的內部。這個功課的時間很短，然得益很多。

我初次學習化學時，運氣就比較差了。實驗的結果，玻璃瓶爆裂，多數同學受了傷，有一個人眼睛險些兒瞎了，教員的衣服燒成了破片，教室的牆上沾污了許多斑點。後來，我重回到這間教室去時，已經不是學生而是教員了，牆上的斑點還留在那裏，這一次，我至少學到了一件事，就是以後我每做這一種試驗，總是把我的學生們隔開遠一點。

我有個最大的願望，就是想在野外能有個試驗室。當一個

人在為每日的麵包問題而焦慮的生活狀況下，這真是一件不容易辦到的事情！差不多四十年來都有這種夢想，想得一塊小小的土地，四面圍起，為我私人所有；寂寞，荒涼，日光曬着，生滿薊草，而且特別為黃蜂和蜜蜂所愛好的。在這裏，沒有煩擾，我可以與我的朋友們，如獵蜂等，用一種特殊的語言相問答，這當中就是含了不少的觀察與試驗呢。這裏，也沒有長途旅行和遠足空費去時間與精力，我可以時時留心我的昆蟲們啊！

最後我的希望達到了。在一個小村落的幽靜之處，得到一塊小小的土地。這是一塊哈麻司（Harmas），這個名字是我們給布羅溫司（Provence）的一塊不能耕種，而且多石子的地方起的。那裏除掉一些百里香，很少植物能生長起來。如果要花費耕耘的功夫，可是實在又不值得。不過春天卻有些羊羣從那裏走過，碰巧下點雨，也可以生長一些小草的。

然而，我自己專有的哈麻司，卻有少量摻着石子的紅土，並且曾經粗粗地耕種過的。有人告訴我說，這裏生長過葡萄樹，於是我真有幾分懊惱，因為原來的植物已給三腳叉弄掉了。現在已經沒有百里香，刺賢垤爾或一叢矮櫟留存其間，百里香和刺賢垤爾對於我也許有用，因為可以做黃蜂與蜜蜂的獵場，所以我不得已又把它們重新種植起來。

雜草多極了：偃臥草、刺桐花，以及西班牙的牡礪植物——那是長滿了橙黃色花，並且有硬爪般的花序的。——在這些上面，蓋着一層——伊利里亞的棉薊，它孑然直立的枝幹，有時長到六尺高，而且末梢還有大形的粉紅球，小薊也有，武裝齊備，使得採集植物的人不知從哪裏下手摘取才好。在它們的當中，穗形的矢車菊，長好了一排列的鈎子，懸鈎子的嫩芽爬滿地上。假使你不穿上高統皮鞋，來到這多刺的叢林裏，你就要深深地受到粗心的責罰了。

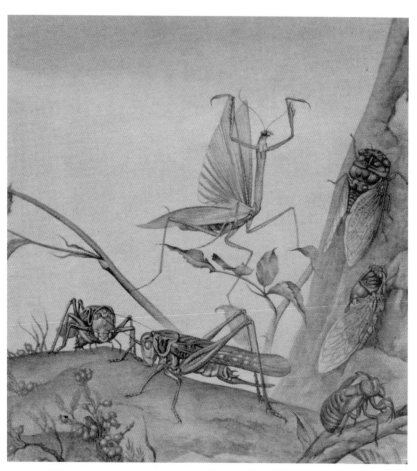

奇妙的昆蟲世界

這就是我四十年來拚命奮鬥所得的樂園呵！

我這個稀奇而冷落的天國，正是無數蜜蜂與黃蜂的快樂的獵場，我從來沒有在單單一塊地方，看見過這麼多的昆蟲。各種生意都以這裏做中心，來了獵取各種野味的獵人，泥土匠、紡織工人、切葉者、紙板製造者，同時也有石膏工人在拌和泥灰，木匠在鑽木頭，礦工在掘地下隧道，及牛的大腸膜（用以隔開金箔者）工人，各種各樣的都有。

看呵！這裏是一隻縫紉的蜜蜂了。牠剝下開有黃花底刺桐的網狀幹，採集了一團填充物，很驕傲地用牠的腮即顎帶走了。牠準備到地下，把它做成棉袋，用以儲藏蜜和卵。那裏是一羣切葉蜂，在牠們身體的下面，各帶有黑色的，白色的，或者血紅色的，刈割用的毛刷。牠們打算到鄰近的小樹林中，將樹葉子割成圓形的小片去包裹牠們的收穫品。這裏又是一羣着黑絲絨衣的泥水匠蜂，牠們是做水泥與沙石工作的。在我的哈麻司裏，我們很容易在石頭上找到牠們石工物模型。次之，還有一種野蜂，牠把窠巢藏在空蝸牛殼的盤梯裏。別一種，把牠的螟蛉安置在乾燥懸鈎子幹子的木髓裏。第三種，利用乾蘆葦的溝道做牠的家。至於第四種，住在泥水匠蜂的空隧道中，連租金也不出。還有蜜蜂生着角，有些蜜蜂後腿生刷子，這些都是收割時用的。

我的哈麻司的牆壁建築好了，成堆的石子與細砂到處皆是，那是建築工人們堆棄下來的，並且不久就給各種住户佔據了。泥水匠蜂揀選了石頭的罅縫，做牠們睡眠的地方；兇悍的蜥蜴——偶然壓到牠的時候，會攻擊人與狗的——選擇了一個洞穴，伏在那裏等待路過的蝗螂。黑耳毛的鶺鴒，穿白與黑的衣裳，看起來好像黑衣僧，坐在石頭頂上唱簡單的歌曲。藏有天藍色小蛋的窠巢，一定在石堆的那一處吧？石頭搬動的時候，那小黑衣僧當然也移動了。我對牠很惋惜，因為牠是個

可愛的鄰居。至於那個蜥蜴，我則完全不惋惜。

沙土堆裏，隱藏了掘地蜂與獵蜂的羣落。抱歉得很，後來給建築工人無辜地驅逐了，但是仍然有獵戶們留着，牠們有的尋找小毛蟲非常之忙，另一種很大的黃蜂，竟有勇氣去捕捉毒蜘蛛。許多這些厲害的蜘蛛，住在哈麻司裏地面裏，而且你可以看到牠們，發光的眼睛在洞底裏好像小金剛鑽一樣。在暑天的下午，你更可以看見勇悍的螞蟻，出了兵營，排成長隊，開向戰場，去獵取俘虜。

此外還有屋子附近的樹林裏，集滿了鳥雀，有唱歌鳥，有綠鶯，有麻雀，也有貓頭鷹。而小池中也是住滿了青蛙，在五月裏，牠們就組成振耳欲聾的樂隊。黃蜂是最勇敢的，牠自動佔有了我的屋子。在我門口，白腰蜂居住下來，當我進門的時候，我定要很當心，不然就會踐踏了牠們，破壞了牠們開礦的工作。在關着的窗戶裏，泥水匠蜂在軟沙石的牆上，做成了土巢。在窗木上碰巧留下的小孔，做牠進出的門戶。在百葉窗的邊線上，少數迷了路的泥水匠蜂建築起蜂窠。午飯時候，黃蜂與蘆蜂翩然來訪，牠們的目的，當然來看看我的葡萄成熟沒有。

這些都是我的伴侶，我的親愛的小動物們，我從前和現在所熟識的朋友們，都在這裏，打獵、建築，以及養活牠們的家族。同時，假使我想移動一下，大山靠我很近，有的是野草莓樹、岩薔薇、石楠植物，黃蜂與蜜蜂都是喜歡聚集那裏的。有這許多理由，所以我就為鄉村而逃避都市，來到西內南，給蕪菁除雜草和灌溉萵苣了。

蜣螂

圓球

蜣螂第一次為人談及，是在過去六七千年以前。古代埃及的農民，當在春天在灌溉葱田的時候，常常看見一種肥黑的昆蟲，挨近身邊經過，忙碌地向後推着一個圓球。他當然很驚異地注意這個奇怪的旋轉物，像今日布羅溫司的農民那樣。

從前埃及人想像這個圓球是地球的模型，蜣螂的動作與天上星球的運轉相合。他們以為甲蟲具這許多天文學知識是很神聖的，所以叫牠"神聖的甲蟲"。同時他們又想到，甲蟲拋在地上滾的球體，裏面裝的是卵子，小甲蟲就是從那裏出來的。但是事實上，這僅是牠的食物儲藏室而已。

這並不是好的食品。因為甲蟲的工作，是從土面上收集污物，這個球就是牠把路上與野外的垃圾，很仔細地搓捲起來的。

做成這個球的方法是這樣的：在牠扁闊的頭的前邊，嵌有六隻牙齒。排列成半圓形，像一種彎形的釘鈀，用來掘與割，拋開牠所不要的東西，收集起牠所選揀好的食物。牠的弓形的前腿也是很有用的工具，因為它們非常的強固，而且在外端也長有五個鋸齒。所以，如果需要很大的力量，去搬動一些阻礙物，甲蟲就用牠的臂。牠左右轉動牠有齒的臂，用一種有力的掃除，刷清一塊小小的面積。於是堆集起牠所耙集的材料，放在四隻後爪之間去推。這些腿是長而且細，特別是最後的一對，其形略彎，尖端還有尖的爪。這甲蟲再用後腿將材料壓在

身體下面，搓動，旋轉，使它成為一個圓球形。一會兒，一粒小丸增到胡桃那麼大，不久大到如蘋果。我曾見過有些貪食者，把這球做到拳頭般大。

食物的圓球做成後，必須搬到適當的地方去。於是甲蟲就開始旅行了。用後腿抓緊了這個球，再用前腿行走，頭向下俯着，臀部舉起，向後退走。把在後面堆着的物件，輪流向左右推動。誰都以為牠要揀一條平坦或不很傾斜的路走。但並不如此！牠隨意走近險陡的斜坡，攀登簡直是不可能，而這固執的東西，偏要走這條路。這個球，非常之重，一步一步艱苦地推上，萬分留心，到了相當的高度，常是退走的。只要有一些不慎重的動作，勞力盡白費：球滾落下，連甲蟲也拖下來；再爬上去，結果再掉下來。牠這樣一回又一回地向上爬，一點小事故，甚麼都毀壞完，一枝草根能把牠絆倒，一塊滑石會使牠失足，球和甲蟲都跌下來，混在一起，有時經一二十次的繼續鼓勇，才得最後的成功，有時至牠的努力已成絕望，才跑回去另找平坦的路。

有的時候，蜣螂好像同一個朋友合作，這種事情是常常遇到的。當一個甲蟲的球已經做成，牠離開一夥的同類者，把收穫品向後推動。一個將要開始工作的鄰居，忽然拋下工作，跑到這滾動的球邊來，幫助球主人一臂之力。牠的助力當然是值得歡迎的。但牠並不是真正的伴侶，牠是一個強盜。要知道自己做成圓球是需要苦工和忍耐的；而偷一個已經做成的，或者到鄰居家去吃頓飯，那就容易多了。有的賊甲蟲，用很狡猾的手段，有的簡直施用武力呢！

有時候，一個盜賊從上面飛來，猛然將球主人擊倒，自己蹲在球上，前腿靠近胸口，靜待搶奪的事情發生，預備相打。如果球主人起來搶球，這個強盜就給牠一拳，從後面打下去。於是主人又爬起來，推搖這個球，球滾動了，強盜也許因此滾

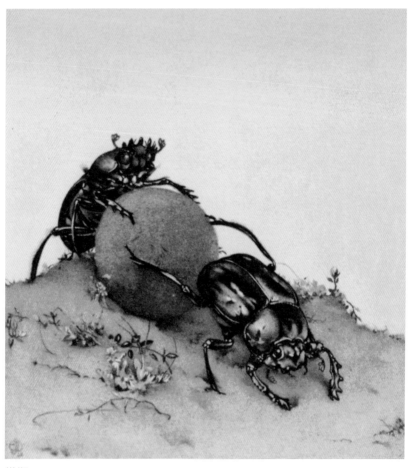

蜣螂

落。那麼，接着就是一場角力比賽。兩個甲蟲互相扯扭着，腿與腿相絞，關節與關節相纏，牠們角質的甲殼互相衝撞、磨擦，發出金屬相磨刮之聲。勝利的爬到球頂上，失敗的，被驅逐幾回後，只有跑開去重新做自己的小彈丸。有幾回，我看見第三個甲蟲出現，向強盜搶劫這個球。

但也有時候，賊竟犧牲一些時間，利用狡猾的手段。牠假裝幫助這個被騙者搬運食物，經過生滿百里香的沙地，經過有深車輪印和險峻地方，但是實際上牠用的力很少，只是坐在球頂上不做甚麼事，到了適宜於收藏的地點，主人就開始用牠緣邊銳利的頭，有齒的腿向下開掘，沙土拋向後方，而這賊卻抱住那球假裝死了。土穴愈掘愈深，做工的甲蟲看不見了。即使有時牠到地面上來看一看，見球旁睡着的端正不動，覺得很安心。但是主人離開的時間久些，那賊就乘這個機會，很快地將球推走，同小偷怕被人捉住一樣快，假使主人追上了牠 —— 這也有時會發現的 —— 牠就趕快變更位置，看起來牠是可以原諒的，因為球向斜坡滾下去了，牠僅是想止住它啊！於是兩個又將球搬回，好像沒有事情發生一樣。

假使那賊安然逃走了，主人艱苦做起來的東西，只有自認損失。牠揩揩頰部，吸點空氣飛去，重新另做圓球。我頗羨慕而且妒嫉牠的性格。

最後，牠的食品才平安地儲藏好了。儲藏室是在軟土或沙土上掘成的土穴，如拳頭般的大小，有短道通地面上，寬廣恰好可以容球。食物推進去，牠就坐在裏面，進出口用一些廢物塞起來。圓球剛好塞滿一屋子，儲饌從地板上一直堆到天花板。在食物與牆壁之間留下一個很窄的小道，設筵人就坐在這裏，至多兩個，通常只是自己一個。神聖甲蟲晝夜宴飲，差不多一禮拜或兩禮拜，沒有一時停止的。

梨

我已經說過，古代埃及人以為神聖甲蟲的卵，是在我剛才敘述的圓球當中的。這個我經證明不是如此。關於甲蟲的卵的真實情形，有一天碰巧給我發現了。

有個牧羊的小孩子，他在空閒的時候常來幫助我，有一次，在六月裏的一個禮拜日，他到我這裏來，手裏拿了一個奇怪的東西。看起來好像一隻小梨，已經失掉新鮮的顏色，因腐朽而變成褐色。但摸上去很堅固，樣子很好看，雖然原料似乎不大精選過。他告訴我，這裏面一定有一個卵，因為有一個同樣的梨，被掘地時偶然弄碎，裏面藏有一麥粒大白色的卵的。

第二天早晨，天色才亮的時候，我就同這位牧童出去考察這回事實。

一個神聖甲蟲的地穴不久就找到了，或者你也知道，因為有一堆新鮮的泥土積在上面的。我的同伴用我的小刀鑱向地下拼命地掘，我則伏在地上，因為容易看見有甚麼東西掘出來。一個洞穴掘開，在潮濕的泥土裏，我發現一個精緻的梨。我真是不會忘記，我第一次所看見的，母甲蟲的奇異的工作呢！當掘古代埃及遺物的時候，我發現這種聖甲蟲的翡翠的雕刻，我的興奮都也不見得更大。

我們繼續搜尋，於是發現第二個土穴。母甲蟲在梨的旁邊，而且擁抱着很緊，這當然是在牠未離開以前，完工畢事的舉動，用不着懷疑，這個梨就是蜣螂的窠巢。在這一個夏季，我至少發現了一百個這樣的窠巢。

像球一樣的梨，是人們棄在原野的廢物做的，但是原料比較精細些，為的是給蟲蛆預備的食物。當牠從卵裏跑出來，還不能自己尋找食物，所以母親將牠包在最適宜的食物中，牠可以立刻吃起來，而不會有甚麼大困難。

卵是置在梨的較狹的一端的。每個有生命的種子，無論植物或動物，都需要空氣；就是鳥蛋的殼上也佈着無數的小孔。假使蜣螂的卵是在梨的最厚的部分，牠就悶死了，因為這裏的材料黏得很緊，還包有硬殼，所以母甲蟲預備下一間精緻透氣的小室，薄薄的牆壁，給牠的小蟮蟱居住。在最初的時候，甚至在梨子的中央也有少許空氣，不過不夠供給柔弱的小蟮蟱之用。到了牠向中央去吃的時候，已經很強壯，能夠自己支配一些空氣了。

當然，梨子大的一頭，包上硬殼子，也有很好理由的。蜣螂的地穴是極熱的，有時候溫度竟達沸點。這種食物，雖然只要經過三四個禮拜，也會變得乾燥而不能吃。如果第一餐不是柔軟的食物，而是石子一般硬得可怕的東西，這可憐的幼蟲就沒有東西吃，牠必將餓死。在八月的時候，我就找到了許多這樣的犧牲者，這苦東西烤在一個封閉的爐內。要減少這種危險，母甲蟲就拼命用牠強健而肥胖的前臂，壓那梨子的對層，把它壓成保護的硬皮，如同栗子的硬殼，用以抵抗外面的熱度。酷熱的暑天，管家婦把麵包擺在閉緊的鍋子裏，保持它的新鮮；昆蟲也有自己的方法，實現同樣的企圖：用壓力打成鍋子來保藏家族的麵包。

我曾經觀察過甲蟲在窠裏工作，所以我知道牠怎樣做梨形的窠。

牠收集建築用的材料，把自己關閉在地下，專心從事當前的事務，材料大概是由兩種方法得來。照常例，在天然環境之下，用常法搓成一球推向適當的地點。當推行的時候，表面已稍微堅硬，並且黏上一些泥土和細沙，這在後來是很有用的，不久再離開收集材料相近的地方，尋到可以儲藏的場所，在這種情形之下，牠的工作不過僅是捆紮材料，運進洞穴而已。後來的工作，卻尤覺稀奇。有一天我見一塊不成形的材料隱藏到

地穴中去了。第二天，我到牠的作場時，發現這位藝術家正在工作。那塊不成形的材料已成為一個梨，外形已完全，而且很精緻地做好了。

緊貼着地板的部分，已經敷上沙粒，其餘的部分，亦已磨光如玻璃，這是表明牠還不曾把梨子細細地滾過，不過已塑成形狀罷了。牠模塑時，是用大足輕擊，如同先前在日光下模塑圓球一樣。

在我自己的作場裏，用大口玻璃瓶裝滿泥土，為母甲蟲做成人工的地穴，並留一孔以便觀察牠的動作，因此牠工作的各級程序我都看到。

甲蟲開始是做一個完全的球。然後環繞着梨做成一道圓環，加上壓力，直至圓環成為一條溝漕，做成一頸。如此，球的一端就做出一個凸起。在凸起的中央，再加壓力，做成有一個火山口，即凹穴。邊緣很厚的；到凹穴漸深，邊緣也漸薄，最後乃形成一個袋。包袋內部磨光後，卵即產在其中。包袋的口上，即梨的尾端，於是再用一束纖維塞住。

這樣粗糙的塞子封口是有理由的，別的部分甲蟲都用腿重重地拍過，只有這裏不拍。因為卵的尾端朝着封口，假使塞子重壓深入，蠐螬就會感受痛苦。所以甲蟲把口塞住，卻不把塞子撞下去。

甲蟲的生長

卵產在裏面約一星期或十天之後，就孵化為蠐螬，毫不遲延地立刻開始吃四圍的牆壁。牠聰明異常，因為牠總是朝

厚的方向去吃，不致弄成小孔，自己從孔裏掉出來。不久牠變得很肥胖，不過，實在很難看，背上隆起，皮膚透明，假使你拿來朝着光亮看，能看見牠的內部的器官。如果古代埃及人有機會看見這未曾發育的狀態之下肥白的蠐螬，他是無法猜想到甲蟲有那麼莊嚴的美觀的。

當第一次脫皮時，這個小昆蟲還未成為完全長成的甲蟲，雖然全部甲蟲的形狀，已經能辨認出來了。很少昆蟲能比這個玲瓏的小動物更美麗，翼盤在中央，像摺疊起的闊領帶，前臂位於頭部之下。半透明的黃色如蜜的色彩，看來真如琥珀雕成一般。差不多有四個星期保留着這個狀態，到後來，重新又脫一層皮。

這時候顏色是紅白色。在變成檀木的黑色前，牠是要換好幾回衣服的。顏色漸黑，硬度漸強，直到披上了角質的甲冑，始成完全長足的甲蟲。

這些時候，牠是在地底下，梨形的窠裏。牠很渴望衝開硬殼的牢，跑到日光裏來。但牠能否成功，要依靠着環境。

牠準備解放出來的時期，通常是在八月裏。八月的天氣，照例是一年之中最乾燥而且最炎熱的。所以，如果沒有雨來軟一軟泥土，要想衝開硬殼，打破牆壁，僅憑這個昆蟲的力量，就辦不到，牠是沒有法子打破這堅固的壁。因為最柔軟的材料，也會變成一種不能通過的堅壁；烘在夏天的爐裏，已成為硬磚頭了。

當然，我也曾做過這種試驗。將乾硬的殼放在一個盒子裏，保持其乾燥，或早或遲，聽見殼子裏有一種尖銳的磨擦聲，這是囚徒用牠們頭上與前足的鈀在那裏刮牆壁。過了兩三天，似乎並沒有甚麼進步。

我於是試加一些助力於牠們中的一對，用小刀戳開一個牆眼，但是這兩個小動物也並沒有比其餘的進步些。

蜣螂

不到兩個星期，所有的殼內都沉寂了。這些用盡力量的囚徒已經死了。

　　於是我又拿一些別的同從前的一樣硬的殼，用濕布裹起來，放在瓶裏，用木塞塞好，等濕氣浸透，才將裹的濕布拿開，重新放在瓶子裏。這一次試驗完全成功，殼被潮濕浸軟後遂被囚徒衝破。牠勇敢地用腿支持身體，把背部用作一條槓桿，認定一點頂撞，最後，牆壁破裂成碎片。在每次試驗中，甲蟲都能解放出來。

　　在天然環境之下，這些殼在地下的時候，情形也是一樣的。當土壤為八月太陽烤乾，硬得像磚塊，這些昆蟲要逃出牢獄，就不可能。但偶爾下過一陣雨，硬殼回復從前的鬆軟，牠們再用腿掙扎，用背推撞，這樣就得到自由。

　　剛出來，牠不關心食物；所最需要的，是享受日光。跑到太陽裏，一動不動地在曬暖。

　　一會兒，牠要吃了。沒有人教牠，牠也會做了。像牠的前輩一樣，去做一個食物的球。也去掘一個儲藏所，儲藏食物，一些不用學習，牠完全會從事牠的工作。

蟬

蟬和蟻

蟬

我們大多人數對於蟬的歌聲，總是不大熟悉，因為牠是住在生有洋橄欖樹的地方，但是曾讀過拉封騰（La Fontain）的寓言的人，大概都記得蟬曾受過螞蟻的嘲笑吧，雖然拉封騰並不是談到這故事的第一人。

故事上說：整個夏天，蟬不做一點事，只是終日唱歌，而蟻則忙於儲藏食物。冬天來了，蟬為飢餓所驅，只有跑到牠的鄰居那裏借一些糧食。結果，牠遭了難堪的待遇。

驕傲的螞蟻問道：「你夏天為甚麼不收集一點食物呢？」蟬回答道：「夏天我歌唱太忙了。」

「你唱歌嗎？」螞蟻不客氣地回答：「好啊！那麼你現在可以跳舞了。」說完就轉身不理牠了。

但在這個寓言中的昆蟲，並不一定就是蟬，拉封騰所想的恐怕是螽斯，而英國常常把螽斯譯為蟬。

就是在我們村莊裏，也沒有一個農夫，會如此無常識，想像冬天會有蟬存在。差不多每個耕地的，都熟悉這種昆蟲的蟓蜡，天氣漸冷的時候，他堆起洋橄欖樹根的泥土，隨時可以掘出這些蟓蜡。至少有千次以上，他曾見過這種蟓蜡從土穴中爬出，緊緊握住樹枝，背上裂開，脫去牠的皮，變成一隻蟬。

這個寓言是造謠，蟬並不是乞丐，雖然牠需要鄰居們很多的照應，也是確實的。每到夏天，牠成陣地來到我的門外，在兩棵高大篠懸木的綠蔭中，從日出到日落，粗魯的樂聲吵得我

頭腦昏昏。這種振耳欲聾的合奏，這種無休無止的鼓噪，使人任何思想都想不來了。

有的時候，蟬與蟻也確實打一些交涉，但是牠們與前面寓言中所說的剛剛相反。蟬並不靠他人生活。牠從不到螞蟻門前去求食，相反的，倒是螞蟻為飢餓所驅，求乞或哀懇這位唱歌家。我不是說哀懇嗎？這句話，還不確切，是牠厚着臉皮去搶劫。

七月天氣，當我們這裏的昆蟲，為口渴所苦，失望地在已萎的花上，跑來跑去尋求飲料，而蟬則依然很舒服，不覺痛苦。用牠突出的嘴，—— 一個精巧的吸管，尖利如錐子，收藏在胸部 —— 刺穿飲之不竭的圓桶。牠坐在樹的枝頭，不停地唱歌，只要鑽通柔滑的樹皮，裏面有的是汁液，吸管插進桶孔，牠就可飲一飽了。

如果稍許等一下，我們也許就可看到牠遭受意外的煩擾。因為鄰近有很多口渴的昆蟲，立刻發現了蟬的井裏流出漿汁，跑去舐食。這些昆蟲大都是黃蜂、蒼蠅、蚰蜒、玫瑰蟲等，而最多的卻是螞蟻。

身材小的想要達到這個井，偷偷從蟬的身底爬過，蟬卻很大方地抬起身子，讓牠們過去。大的昆蟲搶到一口，就趕緊跑開，走到鄰近的枝頭，當牠再回轉頭來，膽此從前忽然大起來，一變而為強盜，想把蟬從井邊驅逐掉。

頂壞的罪犯，要算螞蟻。我曾見過牠們咬緊蟬的腿尖，拖住牠的翅膀，爬上牠的後背。甚至有一次一個兇悍的強徒，竟當我的面抓住蟬的吸管，想把它拉脫。

最後，麻煩愈甚，無可再忍，這位歌唱家不得已拋開自己所做的井，悄然逃走。於是螞蟻的目的達到，佔有了這個井。不過井乾得很快，漿汁立刻吃光。牠再找機會去搶劫別的井，以圖第二次的痛飲。

你看，真正的事實，不是與那個寓言相反嗎？螞蟻是頑強的乞丐，而勤苦的生產者卻是蟬呢！

蟬的地穴

我有很好的環境可以研究蟬的習慣，因為我是與牠同住的。七月初臨，牠就佔據了靠近我屋子門前的樹。我是屋裏的主人，門外就是牠最高的統治，不過牠的統治無論怎樣總是不很安逸的。

蟬初次的發現是在夏至。在行人很多，太陽光照的道路上，有好些圓孔，與地面相平，大小約如人的手指。這些圓孔中，蟬的蠐螬從地底爬出，在地面上，變成完全的蟬。牠們喜歡頂乾燥頂多陽光的地方；因為蠐螬有一種有力的工具，能夠刺透焙過的泥土與沙石。當我考察牠們的儲藏室時，我是用手斧開掘的。

蟬

最使人注意的，就是這約一寸口徑的圓孔，四邊一點塵埃都沒有，也沒有泥土堆積疊於外面。大多數的掘地昆蟲，例如金蜣，在牠的窠巢外面總有一座土堆。這種不同，由於牠們工作方法的不同。金蜣的工作是在洞口開始，所以把掘出來的廢料堆積在地面；但蟬蠐螬是從地底上來的。最後的工作，才是開闢門口的生路，因為當初並沒有門，所以牠不能在門口堆積塵土。

蟬的隧道大都是深達十五至十六寸，通行無阻，下面的地位較寬，但是在底端卻完全關閉起來，在做隧道時，泥土搬移到哪裏去了呢？為甚麼牆壁不會崩裂下來呢？誰都要以為蟬用了有爪的腿爬上爬下，會將泥土弄塌了，把自己的房子塞住的。

其實，牠的舉措，簡直像礦工，或是鐵路工程師。礦工用

支柱支持隧道，鐵路工程師利用磚牆使地道堅固；蟬的聰明同他們一樣，牠在隧道的牆上塗上水泥。這種黏液便藏在牠的身子裏，用來做灰泥，地穴常常建築在含有液汁的植物根鬚上的，牠可以從根鬚取得汁液。

能夠很輕鬆地在穴道內爬上爬下，對於牠是很重要的，因為當牠出去到日光下的時候到來，牠必須知道外面的氣候是怎樣。所以牠工作好幾個星期，甚至一個月，做成一條堅固的牆壁，適宜於牠上下爬行。在隧道的頂上，牠留着人的指頭厚的一層土，用以保護並抵禦外面空氣的變化，直到最後的一霎那。只要有一些好天氣的消息，牠就爬上來，利用頂上的薄蓋，以偵察氣候的狀況。

假使牠估量到外面有雨或風暴——當纖弱的蟭蟟脫皮的時候，這是一件頂重要的事情——牠就小心謹慎地溜到隧道底下。但是如果氣候看來很溫暖，牠就用爪擊碎天花板，爬到地面上來了。

在牠腫大的身體裏面，有一種液汁，可以用來避免穴裏面的塵土。當牠掘土的時候，將液汁傾倒在泥土上，使它成為泥漿。於是牆壁更加柔軟。蟭蟟再用牠肥重的身體壓上去，使爛泥擠進乾土的罅隙裏。因此，當牠在頂上被發現時，身上常有許多濕點的。

蟬的蟭蟟，初次出現於地面時，常常在鄰近地方徘徊，尋求適當地點脫掉身上的皮——一棵小矮樹，一叢百里香，一片野草葉，或者一枝灌木枝——找到後，牠就爬上去，用前足的爪緊緊地把握住，絲毫不動。

於是牠外層的皮開始由背上裂開，裏面露出淡綠色的蟬。當時頭先出來，接着是吸管和前腿，最後是後腿與翅膀。此時，除掉身體的最後尖端，全體已完全蛻出了。

其次，牠表演一種奇怪的體操，牠騰起在空中，只有一點

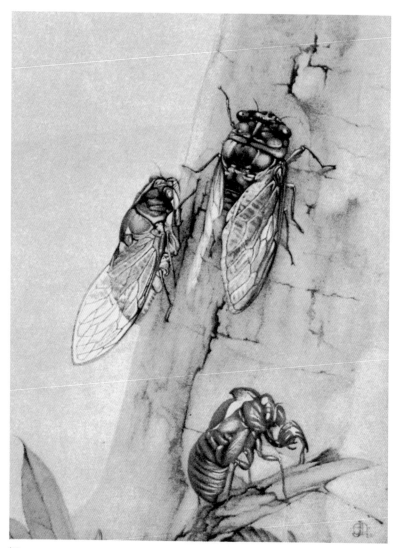

蟬

固着在舊皮上，翻轉身體，使頭向下，花紋滿佈的翼，向外伸直，竭力張開。於是用一種差不多看不清楚的動作，又盡力將身體翻上來，並用前鈎鈎住牠的空皮，用這種運動，把身體的尖端從鞘中脫出，全部的經過約需半點鐘之久。

在短時期內，這個剛被釋放的蟬，還未十分強壯。牠的柔弱的身體，還未具有筋力和漂亮的顏色以前，必須在日光和空氣中好好地沐浴。只用前爪掛在已蛻下的殼上，搖擺於微風中，依然很脆弱，依然是綠色的。直到棕色的色彩出現，才同平常的蟬一樣。假定牠在早晨九點鐘取得樹枝，大概在十二點半，棄下牠的皮飛去。那殼有時掛在枝上經過一兩月之久。

蟬的音樂

蟬是非常喜歡唱歌的。翼後的空腔裏帶着一種像鈸一般的樂器。牠還不滿足，還要在胸部安置一種響板，以增加聲音的強度。確實的，有種蟬，為了滿足音樂的嗜好，犧牲很多。因有此種巨大的響板，使得生命器官都無處安置，只好壓緊到身體最小的角落裏。當然啊！要熱心委身於音樂，那麼只有縮小內部的器官，安置樂器了。

但是不幸的很，牠這樣喜歡的音樂，對於別人，完全不能引起興味。就是我也還沒有發現牠唱歌的目的。通常的猜想，以為牠是在叫喊同伴，然而事實顯明這個意見是錯誤的。

蟬與我比鄰相守着，迨十五年，每個夏天，差不多是兩個月之久，牠們總不離我的眼簾，而歌聲亦不離我的耳畔。我通常都看見牠們在篠懸木的柔枝上，排成一列，歌唱者和牠的伴侶相並而坐。吸管插到樹皮裏，動也不動地狂飲，夕陽西下，牠們就沿着樹枝用慢而且穩的腳步，尋溫暖的地方。無論在飲水或行動時，牠們從未停止歌聲。

所以這樣看起來，牠們並不是叫喊同伴。你想想看，如果你的同伴在你面前，你大概不會費掉整月的功夫叫喊他們吧！

其實，照我想，便是蟬自己也聽不見所唱的歌曲。不過是想用這種強硬的方法，強迫他人去聽而已。

蟬有非常清晰的視覺。牠的五隻眼睛，會告訴牠左右以及上方有甚麼事情發生；只要看到有誰跑來，牠立刻停止歌聲，悄然飛去。然而喧嘩卻不足以驚擾牠。你儘管站在牠的背後講話，吹哨子，拍手，撞石子。就是比這種聲音更輕微，要是一隻雀子，雖然沒有看見你，當已驚慌地飛去。這鎮靜的蟬卻仍然繼續發聲，好像沒有事一樣。

有一回，我借來兩枝鄉下人喜事用的土銃，裏面裝滿火藥，就是最重要的喜慶事也只要用這麼多。我將它放在門外的篠懸木樹下。我們很小心地把窗開著，以防玻璃被震破。在頭頂上樹枝上的蟬，看不見下面在幹甚麼。

我們六個人等在下面，熱心傾聽頭頂上的樂隊受到甚麼影響。呼！槍放出去，聲如霹靂。

一點沒有關係，牠仍然繼續歌唱。沒有一個表現出一些擾亂之狀，聲音的質與量也沒有些微的改變。第二槍和第一槍一樣，也不發生影響。

我想，經過這次試驗，我們可以斷定，蟬是聽不見的，好像一個極聾的聾子，牠對自己所發的聲音一點也不覺得的！

蟬的卵

普通的蟬喜歡產卵在乾的細枝上，牠選擇那最小的枝，粗細大都在枯草與鉛筆之間，這些小枝幹，垂下的很少，常常向上翹起，並且差不多已經枯死的。

牠找到適當的細樹枝，即用胸部尖利的工具，刺成一排小

蟬

孔，──這等孔好像用針斜刺下去，把纖維撕裂，把它微微挑起。──如果牠不被擾害，一根枯枝上，常常刺成三十或四十個孔。

牠的卵就產在這些小孔裏。這些小穴是一種狹窄的小徑，一個個的斜下去。每個小穴內，普通約有十個卵，所以總數約有三百或四百。

這是一個蟬的很好的家族。然而牠之所以產這許多卵，其理由為防禦一種特別的危險，必須要產生大量的螗蜋，預備被毀壞掉一部分。經過多次的觀察，我才知這種危險是甚麼。就是一種極小的蚋，大小相較，蟬簡直是龐大的怪物呢！

蚋和蟬一樣，也有穿刺工具，位於身體下面近中部處，伸出來時和身體成直角。蟬卵剛產出，蚋立刻把牠毀壞。這真是蟬的家族中之災禍！大怪物只需一踏，就可軋扁牠們，然而牠們竟鎮靜異常，毫無顧忌，置身於大怪物之前，真令人驚訝之至。我曾見過三個蚋順序地立着，同時預備掠奪一個倒楣的蟬。

蟬剛裝滿一小穴的卵，到稍高處，另做新穴時，蚋立刻至其地，雖蟬的爪可以及得到牠，然牠鎮靜而無恐，如在自己的家裏一樣，在蟬卵之上，加刺一孔，將自己的卵產進去。蟬飛去時，牠的孔穴內，多數已加進別人的卵，這能把蟬的卵毀壞。這種成熟很快的螗蜋──每個小穴內一個──即以蟬卵為食，代替了蟬的家族。

幾世紀的經驗，這可憐的母親仍一無所知。牠的大而銳利的眼睛，並非看不見這些可怕的惡人鼓翼於其旁。牠當然知道牠們跟在後面，然而牠仍然不為所動，讓自己被犧牲。牠要軋碎這些壞種子非常容易，不過牠竟不能改變原來的本能，解救牠的家族，以免破壞。

從放大鏡裏，我曾見過蟬卵的孵化。開始很像極小的魚，

眼睛大而黑，身體下面有一種鰭狀物，由兩個前腿連在一起而成。這種鰭有些運動力，常幫助蟪蛄出殼外，並且助牠走出有纖維的樹枝，這是較困難的事情。

　　魚形蟪蛄出穴外，即刻把皮脫去。但脫下的皮便形成一種線，蟪蛄賴它得附着樹枝上。牠在未落地以前，即在此行日光浴，用腿踢着，試試牠的筋力，有時則又懶洋洋地在繩端搖擺。

　　觸鬚自由了，左右揮動；腿可以伸縮；在前面的能夠張合其爪。身體懸掛着，只要有一點微風，就動搖不定，在空氣中翻筋斗。我所看到的昆蟲中沒有比這個更具奇觀的了。

　　不久，牠落到地上來了。這個像蚤一般大的小動物，在牠的繩索上搖盪，以防在硬地面上摔傷。身體漸漸在空氣中變硬。現在牠投入嚴肅的實際生活中了。

　　此時，牠當前有着千重危險。只要有一點風，就能把牠吹到硬的岩石上，或車轍的污水中，或不毛的黃沙上，或黏土上，硬得牠無法鑽下去。

　　這個弱小的動物，很迫切地需要藏身，所以必須立刻到地底下覓藏身之所。天氣是冷起來了，遲緩就有死亡的危險。牠不得不四處找尋軟土，毫無疑問，許多是在沒有找到以前就死去了。

　　最後，牠尋找到適當的地點，用前足的鈎，爬掘地面。從放大鏡中，我見牠揮動斧頭下掘，將土拋出在地面。幾

昆蟲記

蟬

分鐘後，土穴完成，這小生物鑽下去，埋藏了自己，此後遂不復見了。

　　未長成的蟬的地下生活，至今還是未發現的秘密，我們所知道的，僅為牠未長成來到地面以前，地下生活經過了多少時間而已，牠的地下生活大概是四年。此後，日光中的歌唱為五星期。

　　四年黑暗中的苦工，一月日光中的享樂，這就是蟬的生活。我們不可厭惡牠歌聲中的煩吵誇勝。因為牠掘土四年，現在忽然穿起漂亮的衣服，長起可以與飛鳥匹敵的翅膀，在溫暖的日光中沐浴了呢。哪一種鈸的聲音能高到足以歌頌牠的快樂；如此難得，而又如此短暫的？

螳螂

打獵

在南方有一種昆蟲,與蟬一樣,很能引起人的興趣;但比較不很出名,因為牠不能歌唱。如果牠也有一種鈸,牠的聲譽當比有名的音樂家要大得多,因為牠在形狀與習慣上都非常的不平常。

多年以前,在古代希臘時期,這種昆蟲叫做螳螂,或先知者。農夫們看見牠半身直起,立在太陽灼着的青草上,態度很莊嚴,寬闊的輕紗般的薄翼,如面幀般拖曳着,前腿形狀像臂,伸向半空,好像是在祈禱。在無知識的農民看來,牠好像一個女尼,所以後來就被人呼為祈禱的螳螂了。

沒有比這個錯誤再大了!那種虔誠的態度是騙人的,高舉着的祈禱的手臂,是最可怕的利刃,任何東西經過,即施以捕殺。牠真是兇猛如餓虎,殘忍如妖魔。牠是專食活的動物的。

從外表上看來,螳螂並不令人可畏。而且還具有相當的美麗,有纖細而嫻雅的姿態,淡綠的顏色,輕薄如紗的長翼。頸部是柔軟的,頭可朝任何方向自由旋轉。只有這種昆蟲能向各方面凝視。牠差不多還有一個面孔。

嫻雅的身材,和前足殘殺的機械,兩者間的差異真是太大了。腰部非常之長而有力,大腿更長,下面有兩排鋒利的鋸齒。在鋸齒之後,更有三個大齒。總之,大腿是兩排刀口的鋸,摺疊起來時,腿放在這中間。

腿亦為兩排刀口的鋸子,鋸齒比大腿還要多。末端則有尖

銳如針的硬鈎，和一個雙刃刀，像彎曲的修枝剪。我對於這鈎，有許多痛苦的記憶。好幾次，我去捕捉時，被這種昆蟲抓住了，無法解脫，只有請別人來解救。在我們這種地方，沒有旁的昆蟲比螳螂還要難捉。牠用鐮鈎鈎你，用齒刺你，用鉗子挾住你，這樣的防禦，使你活捉牠簡直不可能。

平常休息時，這捕捉機縮在胸次，看來非常平和，那麼你可以說牠是祈禱的昆蟲了。可是只要有任何昆蟲經過，祈禱的相貌立刻失掉。三節的捕捉機登時伸開來，俘虜被捕於利鈎之下，更壓在兩條鋸子之間。鉗子挾緊了，一切都完了。蝗蟲、蚱蜢，甚至其他更強壯的昆蟲，都不能脫逃這四排齒的宰割。

在原野裏詳盡研究螳螂的習慣是不可能的，所以不得不把牠拿到室內來研究。在銅絲蓋住的盆中加些沙，牠能很快樂地生活，只需有多量的新鮮食物。因為要試驗牠的筋力究有多麼大，所以我不僅供給活的蝗蟲與蚱蜢，且供給最大的蜘蛛。下面就是我所見的情形。

一隻不知危險的灰色蝗蟲，向螳螂迎面行去，後者表現出驚怒之態，做出一種非常驚人的姿勢，使蝗蟲充滿了恐懼。那種怪相你從來沒有見過。翅蓋開了，翅膀極度地張開，並且直立如船帆，豎在背上，身體的上端彎曲，像一條曲柄的杖，起落不定，並作毒蛇噴氣之聲。置全身於後足上，作挑戰態度，螳螂身體的前部完全豎起來。殺人的前臂張開，露出黑白的斑點。

螳螂做出這種奇怪的姿勢，動也不動，眼睛盯住了牠的俘虜。蝗蟲稍微移動，螳螂即轉動牠的頭。目的很明顯，是要將恐懼心理納入犧牲者

的心窩深處，在未攻擊以前，就使獵物因恐懼而癱瘓。此時，螳螂在裝怪物呢！

這個計劃完全成功，蝗蟲看見怪物當前，當時就注視住牠，完全不動，原本很會跳的，現在居然竟想不起逃走，很怯地伏着，甚至莫明其妙地向前移近。

當螳螂可以及得到的時候，即用掌重擊，兩條鋸子重重地壓緊，這個可憐蟲抵抗也無用了。於是殘暴的魔鬼就開始嚼食。

蜘蛛猛刺敵人的頸部，使之受毒而不能抗禦，同樣的，螳螂攻擊蝗蟲，首先在頸部重擊，消滅牠轉動的能力。這種方法，能殺食同自己一樣大的昆蟲，或者甚至比自己更大的。不過最奇怪的，就是這貪食的昆蟲竟能吃這麼多的食物。

掘地的黃蜂們常常受到螳螂的"訪問"。牠常在黃蜂地穴的附近，等待雙重報酬的好機會，就是黃蜂與牠帶回來的俘虜。有時也常常等不到，因為黃蜂已疑慮而有戒備，有時候也能捉到一個不當心的。這是因為新回家的黃蜂振翼飛來，毫無戒備，猛吃螳螂一嚇，稍稍遲疑，飛行暫緩，於是即墮入雙鋸口的捕捉器中——螳螂的前臂與上臂的鋸齒中了。這個犧牲者於是就被一口口地蠶食。

有一次，我看見一隻吃蜜蜂的黃蜂，剛帶了一隻蜜蜂回到儲藏室，受到螳螂的攻擊而被捉，黃蜂正在吃蜜蜂滕袋裏的蜜，而螳螂的雙鋸，不意竟加於其身，但是無論如何驚怖與痛苦，竟不能使這饞嘴的小動物停止吸食，甚至自己被犧牲了，牠還在舐食蜜蜂的蜜。

這種兇惡魔鬼的食物，不只限於別種昆蟲。牠的氣概雖然很神聖，牠卻是個自食其類者呢。牠吃牠的姊妹，泰然如吃蚱蜢，而團繞在旁邊看着的，也沒有甚麼反抗，竟在預備待有機會做同樣的事。實在的，甚至牠還有吃牠的丈夫的習慣，咬住

了牠的頭頸，一口一口地吃，只剩下兩片翅膀而後已。

牠比狼還要壞得十倍，聽說狼都不吃同類的！

牠的巢

同人類一樣，螳螂也有牠的優點，能做精美的巢。

這種巢，在有太陽光的地方隨處可以找得。如石頭、木塊、樹枝、枯草、一塊磚頭、一條破布，或者舊皮鞋的破皮上。任何東西只要有凸凹的面，可作堅實的基礎。

巢的大小約一二寸長，不足一寸寬，顏色金黃如一粒麥，由多沫的物質做成。不久它漸成固體，且漸變硬，焚起來有如絲的氣味。形狀視所附着的地點而不同，但是面上總是凸起的。全巢大致可分三部，當中一部分是由一種小片做成，排列成雙行，前後覆着，如屋的瓦片。小片的邊沿，有兩行缺口，用以做門路。小螳螂孵化時，就從這裏跑出來。至於別部分的牆壁，都是不能穿過的。

卵在巢內堆成數層，每層都是卵的頭端向門口。剛才我已說過，門有兩行。一半的螻蛄從左門出來，其餘則由右門。

有一個值得注意的事實，就是母螳螂造這很精緻的巢時，正是生卵之時。從牠身體內，排泄出一種黏質，同毛蟲排泄的絲液相彷彿，與空氣混合，可以變成泡沫。用牠身體端的小杓，將它打起泡沫，確像我們用叉打雞蛋白一樣。此種泡沫是灰白色，和肥皂沫相似，起初是黏性的，幾分鐘以後，漸成固體。

螳螂即產卵於這泡沫的海中，每一層卵產出來，就蓋上一層泡沫，泡沫很快地就變固體了。

在新巢的門外，有一層材料封住，看去和其他的不同。——是一層多孔，純潔無光的粉白狀的材料，和螳螂巢其他

部分的灰白色完全相反。好像麵包師攪和蛋白、糖、小粉，用作餅果外衣的混合物一樣。這種雪白的外蓋，很容易破碎，落去。落去的時候，巢的門口完全可以看出，中間裝有兩行板片。風雨不久就將它浸剝成小片脫去，所以舊巢上就看不見它的痕跡了。

這兩種材料，外表雖不相同，而實際上只是同樣原質的兩種形式。螳螂用牠的杓打掃泡沫的表面，撇取浮皮，使成一帶，覆在巢的背面，看起來像冰霜的帶，實在僅僅是黏質之最薄最輕的部分，看去所以比較白些，因它的泡沫比較細巧，光的反射力比較強些而已。

這真是一部奇怪的機器，牠能很快很有方法地自然做成一種角質的物質，第一批的卵就產在這上面。卵、保護的泡沫、柔軟糖樣的包被物，都能製出，同時並能做成一種遮蓋用的薄片，及通行的小道！當時螳螂卻在巢的根腳上立着一動都不動。在牠背後造起的建築物，牠連一眼都不看。牠的腿，對於這個事一點都沒有做甚麼，完全是這部機器自己做成的。

母親的工作成功後，就跑走了。我總希望牠回來看看，表示一些對家族生產的愛護的情感，然而顯而易見的，這對於牠竟無甚興味了。

所以我覺得螳螂是沒有心肝的，牠吃牠的丈夫，還要拋棄子女。

螳螂卵的孵化，通常都在太陽光下，大約在六月中旬上午十點鐘的時候。

我已經告訴過你們，這個巢只有一部分可以做這小螞蟥的出路，就是當中有一帶鱗片的地方。每片的下面，慢慢地可以看見一個鈍而微微透明的小塊，接着是兩個大黑點，那就是小動物的眼睛了。幼小的螞蟥，靜伏在薄片下，差不多已有一半被解放。牠的顏色黃而帶紅，並有一個胖大的頭。從牠外面的

昆蟲記

螳螂

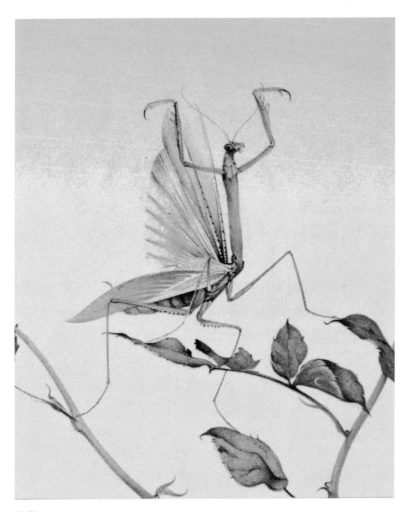

螳螂

皮膚下，非常容易辨別出牠的眼睛很大，嘴貼在胸部，腿緊貼在腹部。除掉這些腿以外，其他部分都令人想像到方才離巢的蟬的初期狀態。

像蟬一樣，為了方便與安全，幼小的螳螂剛到世界上來，實有穿上外套的必要。牠從巢中狹小彎曲的道路出來，假使完全將足伸開，實在不可能。因為高蹺、殺戮的長矛，靈敏的觸鬚，將要阻礙牠的道路，使牠不能出來。所以這小動物，剛剛出現，是包裹着襁褓，形狀如一隻船。

當螳蜋在巢中薄片下剛剛出現，牠的頭逐漸變大，直至形如一粒水泡。小動物不停地一推一縮努力解放自己，每一回動作，頭就變大一些。最後胸部的外皮破裂，於是牠更擺動，掙扎，彎扭，決定脫去這件衣衫。結果，腿和觸鬚先得解放，再加幾次搖動，這個企圖，就完全成功了。

數百小螳螂，同時擁擁擠擠地從巢裏出來，確是一件奇觀呢！當其他的螳蜋沒有成螳螂的形態出現以前，我們很少見有一個單獨的小動物露出牠的眼睛。好像有信號傳遞一樣，非常之快，所有的卵差不多都同時孵化，一剎那間，巢之中部，登時擠滿了小螳蜋，熱狂地爬動，脫掉外衣。然後牠們跌落，或爬到附近的枝葉上。數日以後，又一羣螳蜋出現，就這樣持續到全體的卵都孵化。

然而很不幸！這些可憐的小螳蜋竟孵化到一個滿佈危險的世界上。我好多次在門外圍牆內，或樹林的幽靜處，看到牠們孵化。我總希望能好好地保護牠們。然而至少有二十次以上，我總看到非常殘暴的景象，螳蜋們橫遭殺戮。螳螂雖然產下了許多卵，但數目並未大到足以抵禦候在旁邊等待螳蜋出現的殺戮者啊！

牠們最厲害的敵人，要算螞蟻。我每天都看見螞蟻來到螳螂的巢邊，我的能力常常不能驅逐牠們，因為牠們常常佔了我

的先着。可是牠們很難跑進巢裏，因為四圍的硬牆，形成了堅固的壁壘。不過牠們總是在門外等候着俘虜。

只要小螳螂一出門口，立刻就被螞蟻擒住，拉去外衣，切成碎片。你可以看見只能用亂擺以保護自己的小動物與大隊來擄牠們的兇惡強盜間的可憐的掙扎。一會兒，這場屠殺過去了，所剩下來的，只是這繁盛的家族中碰巧能逃脫殘生的少數幾個而已。

這是很奇異的，為昆蟲之災的螳螂，在生命的初期，本身也要犧牲於昆蟲中最小的螞蟻。這惡魔眼睜睜看着牠的家族被矮小的侏儒所吃。不過這種情形並不是長時期的。當牠與空氣接觸，不久，即變為強壯，牠就能夠自衛了。牠在螞蟻羣中快步走過，經過的地方，螞蟻都紛紛跌倒。不敢再攻擊牠了：牠前臂放置胸前，作自衛的警戒，驕傲的態度已經將螞蟻嚇倒了。

但是螳螂還有別的敵人，牠們不容易被嚇退。那就是居住在牆壁上的小型灰色的蜥蝪，對於螳螂恐嚇的姿勢，牠是滿不在意的。用牠的舌尖，一個一個舐起逃出螞蟻虎口的小昆蟲。雖然一個不滿一嘴，但是從壁虎的表情看來，味道卻是非常之好。每吃一個，眼皮總是微微一閉，這確是一種極端滿足的表示。

不僅如此，甚至螳螂卵未發育以前，已經在危險之中了。有一種小的野蜂（Challis），隨身帶着一種刺針，其尖利可以刺透泡沫硬化的巢，因此，螳螂的血統，與蟬的子孫一樣，遭受到相同的命運。這位外來的客人，產卵於螳螂巢中，其孵化亦較主人的卵為先，於是後者的卵，就為此侵略者所食。假使螳螂產卵一千枚，能不遭毀滅的，大概恐怕只有一對而已。

螳螂吃蝗蟲，螞蟻吃螳螂，鷦鷯吃螞蟻。然而到了秋天，鷦鷯肥了，我就吃鷦鷯。

大概螳螂、蚱蜢、螞蟻，甚至其他更小的動物，都能增加人類的腦力。用一種奇怪而不可見的方法，牠們供給我們思想之燈的油料。牠們的精力慢慢地發達、貯蓄，並且遞送到我們的身上，流進我們的脈裏，滋養我們的不足，我們生存在牠們的死上。世界本是無窮盡的循環。舊的各種東西完結，新的各種東西因此開始；各種東西的死，也就是各種東西的生。

很多年來，人們對於螳螂的巢，有一種迷信的觀念。在布羅溫司，牠的巢被認為是治凍瘡的靈藥。將它劈開兩半，擠出漿汁，擦在痛楚的部分。農人說它的功效，好像有魔力樣的。然而，我自己從來不感覺到它有甚麼功效。

同時，也有人盛稱它治牙痛非常有效。假使你有了它，你就不必怕牙痛了。婦人們在月夜收集它，很當心地收藏在杯碗櫥子的角裏，或者縫在袋裏。假使鄰居們有牙痛的，就跑來借。她們叫它為鐵格奴（Tigno）。

腫了臉的病人說道："請你借給我一些鐵格奴，我很痛呢！"另外的一個趕快放下針，拿出這寶貴的東西來。

她對她的朋友很慎重地說："你隨便做甚麼，不要去掉它，我只有這一個了，現在也是沒有月亮的時候呢！"

農民們這種心理上的簡單，竟然為十六世紀的一個英國醫生兼科學家所超過，他告訴我們，在那個時候，假使小孩子迷了路，他可以請螳螂指點他。並且這位著作家說："螳螂會伸出牠的一足，指點他正確的路，而且很少或竟從不錯誤的。"

螳螂

螢

牠的外科器具

很少蟲類像發光的蠕蟲這樣有名的，這個稀奇的小動物尾巴上掛了一盞燈，以祝生活的快樂。即使我們沒有看見過牠從草上飛過，像從圓月落下來的一點火星，至少從牠的名字上，可以知道牠。古代希臘人叫牠為亮尾巴，最近科學家給牠起一個名字叫做螢（Iampyris）。

事實上，螢無論如何不是蠕蟲，就是在外表上也不對。牠有六隻短足，且能知如何使用，牠是真正的閒遊家。雄螢到了發育完全的時候，生有翅蓋，像真的昆蟲，也就是甲蟲。雌的不引人注意，牠對於飛行的快樂一無所知，終身在幼蟲狀態，即發育不完全的形狀。就是在這個狀態中，蠕蟲這個名字也很不得當。我們法國人常用"像蠕蟲一樣的精光"一語以表示沒有一點的保護物，現在螢卻是有衣服的，可以說，牠有外皮用以保護自己；而且還有很豐富的顏色。牠是黑棕色的，胸部微紅，身體每一節的邊沿，亦裝飾着粉紅的斑點。像這樣的衣服，蠕蟲是從不穿的！

雖然如此，我們還是繼續叫牠發光的蠕蟲，因為這個名字是全世界的人老早知道的。（為方便中國讀者起見，以後我們統稱螢——譯者）

螢最有趣味的兩個特點是：第一，牠取得食物的方法；第二，尾巴上有燈。

法國一個研究食物的著名科學者曾說過："告訴我，你吃

甚麼，那麼我就告訴你，你究竟是甚麼。"

同樣的問題應該對任何昆蟲提出，——牠們的習性是我們想要研究的——因為食品供給的智識，是動物生活的最主要的問題。雖然螢的外表很純潔，但牠卻是個肉食者，獵取野味的獵人，並且打獵的方法，還很兇惡。通常牠的俘虜都是蝸牛。這個事實早已被人知道；所不很知道的，只是牠稀奇的獵取方法。這個方法，我在別的地方不曾看見過同樣的例子呢！

在牠開始捉食牠的俘虜以前，牠給俘虜一針麻醉藥，使之失掉知覺，好像人類在病牀上受喝囉仿謨的麻醉而失知覺一樣。螢的食物，通常都是很小很小的蝸牛，很少比櫻桃大。氣候炎熱的時候，在路旁枯草與麥根上，集成大羣。牠們都動也不動地羣伏在那裏，經過炎夏。在這些地方，我常常看到螢在吃失去知覺的俘虜，就在搖動的支持物上把牠們麻醉。

但是牠又常往旁的地方去。冷的潮濕的陰溝旁邊，那裏蔓草叢生，可以找到很多的蝸牛；在這樣的地方，螢將牠們就在地上殺死。在我的屋子裏，我也可以造成這種情形而且把牠的行動觀察得非常的詳細。

那麼，現在我就來敍述這奇怪的情形。我放了一點小草在大玻璃瓶中，裏面裝了幾個螢及一些蝸牛，蝸牛的大小還比較適當，不太大，也不太小。不過，我們要想看到牠的動作，必須耐心地等待，最重要的，還須十分留心，因為事情的發生，在很不經意的時候，而且時間也不久長。

一會兒，螢就注視牠的犧牲品，照習性，蝸牛除掉外套膜的邊緣微微露出一點以外，其餘全部都藏在殼子裏面。於是這位獵人就抽出兵器來。這件兵器極其微小，沒有放大鏡，簡直看不見。牠有兩片顎，彎攏來成一把鈎子，尖利細小如一根毛髮。用顯微鏡看起來，可以看見鈎子上有一條溝槽，如此而已。

這個昆蟲用牠的兵器，在蝸牛的外膜上，反覆地擊。態度很和平，好像並不是咬，卻像是接吻。小孩子戲弄的時候，常常用兩個手指頭，拿住別一個的皮膚，輕輕地捻，這種動作，我們用“扭”字以表示之，因為事實上近乎搔癢，而不是重捻。現在就讓我們用“扭”這個字吧。講到動物，除掉最簡單的一些字，通常用的言語中的字，可以說，好多沒有用。那麼我們可以說，螢是在“扭”蝸牛。

牠扭得頗有方法，一點不着急，每扭一下，總停一會，好像看看發生的效力如何。扭的次數也不多，頂多五六次，就足以使蝸牛不動，失去知覺。後來當吃的時候，又扭上幾扭，看來較重。但是關於這個，我就不能確定為甚麼了。確實的，最初不多的幾下，很足以使蝸牛失去知覺，由於螢的靈敏的動作，閃電一般的速度，就已將毒質從鈎槽中傳到蝸牛的身上了。

當然，這是不用懷疑的，蝸牛一點也不感覺痛苦。當螢只扭過四五次，我就將蝸牛拿開，用很小的針刺牠，刺傷的肉一點也不收縮，活氣一點也沒有了。還有一次，我偶然看見一個蝸牛被螢攻擊，當時牠正在爬行，足慢慢地蠕動，觸角伸得很長。蝸牛因興奮亂動了幾動，接下來一切就靜止了，足也不爬了，身體前部也失去了溫雅的曲線，觸角也軟了，拖垂下來，像一根壞了的手杖。各種現象上看來，蝸牛已經死了。

然而，蝸牛並不是真死。我可以使牠活過來。在牠不生不死的兩三日中，我給牠洗浴。幾天以後，給螢傷害很重的蝸牛，就回復原來的狀態。牠已能動，亦已回復知覺。針刺到牠，牠立刻就覺知；足也爬動，觸角也伸出來，好像並沒有甚麼意外的事情發生過一樣。全身從失卻知覺的沉醉中完全醒過來了。死的已經活了。

人類科學中，在外科手術上，使人不感覺痛苦的方法還沒

有發明以前，螢以及別的動物，已經實地施行好幾世紀了。外科醫生使我們聞以太或哥囉仿謨，昆蟲則用牠們毒牙注射極小量的特別的毒藥。

當我們偶一想及蝸牛無害而和平的天性，螢卻用這種特別才能去制伏牠，似乎有些奇怪了。但是我想我知道理由。

假使蝸牛在地上爬行，或甚至縮在殼子裏，攻擊牠是一點不困難的。那殼上並沒有蓋，而且身體的前部完全露在外面的，但是牠常常置身在高處，如爬在草幹的頂上，或在很光滑的石面上。牠貼身在這種地方，那就形成很好的保護。因為蝸牛貼緊在這些東西上，就有蓋的作用了。不過只要稍為有一點沒有蓋好，螢的鈎子還是有方法可以達到，使蝸牛失去知覺，安安穩穩地吃牠。

不過，蝸牛爬在草幹上，是很容易掉下來的。稍微一點掙扎，稍微一點扭動，蝸牛就要移動；牠落到地上，那麼螢就失掉食物了。所以必須使牠毫無痛楚，不敢逃走；因此一定要觸得這樣輕微，以免把牠從草幹搖落。因此，我想，螢有這種稀奇的外科器具的理由就是如此吧！

薔薇花形的飾物

螢不獨在草木的枝幹上使牠的俘虜失去知覺，而且也在這種危險地方去吃牠。所以牠的食品的獲得並不是簡單的事呢！

那麼牠吃的方法是怎樣呢？將俘虜分成一片片，或者割成小片或碎粒，然後再去咀嚼牠嗎？我想並不如此。因為我從來沒有在螢的口裏，找到過任何這種小粒食物的痕跡。螢的吃並不是狹義的吃字的意思；僅是飲而已。牠將蝸牛做成稀薄的肉粥，然後才吃。好像蠅之吃肉的蟲蛆，牠能在未吃以前，先把牠弄成流質。

情形是這樣的。螢使蝸牛失去知覺後，無論蝸牛的身材大小如何，開始總常常是只有一隻螢的。不多一刻，客人們三三兩兩地跑來，同主人毫無爭吵，全部聚集攏來。兩天之後，如果將蝸牛翻轉來，將孔朝下，裏面盛的東西，像鍋裏的羹一般流出來。這時候，膳食已畢，餘下的只是一些吃剩的東西。

　　事實很明顯。同以前我們看到的"扭"相似，牠們幾次輕輕的咬，蝸牛的肉就變成肉粥，許多客人隨意享用，各用一種消化素將牠製成湯，一口口地吃。應用這種方法，表明螢的嘴是很柔弱的，除卻兩個毒牙，用以叮蝸牛和注射毒藥。毫無疑問，這等毒牙同時也注射些別種物質，使固體的肉，變成流質，這種方法，使每一口都很方便。

　　蝸牛被關在我的瓶裏，有時爬到頂上去，頂口是用玻璃片蓋住的。雖然有時候地位不穩固，但是蝸牛非常小心。牠利用隨身帶着的黏液，黏在玻璃片上，但如少用了這種黏液，微微一搖動，也足使殼脫離玻璃，掉到瓶底下去。

　　螢常常利用一種爬行器 —— 為補腿足力量的不足 —— 爬到瓶頂上，仔細地考察蝸牛，選擇一下，找尋可以下手的地方，然後輕輕地一咬，使牠喪失知覺，於是毫不遲延，開始製造肉糜，以備數日之食。

　　牠吃完飯，殼完全空了。然而殼仍然黏在玻璃片上，並不脫下來，位置也一點也沒有更動。那隱居者一點也不抵抗，逐漸變成羹，在那被攻擊的地點逐漸流乾。這種詳細情形，告訴了我們麻醉的咬如何的有效，螢處理蝸牛的方法何等巧妙。

　　螢要做這些事情，如爬到懸在半空的玻璃片或草幹上，必須有特別的爬行的足或器官，使牠不致滑跌下來。顯然的，牠笨拙的足是不夠用的。

　　從放大鏡裏，我們可以看見螢確實生有這種特別器官。在牠身體下面，靠近尾巴的地方，有一塊白點。這是由一打以上

短小的細管，或指頭，組成的，有時合攏成為一團，有時張開如薔薇花形。這一堆隆起的指頭，幫助螢吸在光滑面上，同時也幫助牠爬行。假使牠要想吸在玻璃片或草幹上，牠就放開牠的薔薇花，在支撐物上張得很大，用牠自己的自然黏力附着。並且交互的一張一縮，就能幫助牠爬行。

構成薔薇花形的指頭沒有節，但是能向各方向運動。事實上，它們像細管子要比指頭像得多，因為它們不能拿東西，只能利用黏附力以附着在東西上。它們很有用，除掉黏附與爬行外，還有第三件用處。就是能當海綿和刷子用。飽餐以後，休息時，螢用這種刷子在頭上、身上到處掃刷，能夠這樣做，由於那刺有柔韌性。牠一點一點，從身體的這一端刷到那一端，而且非常仔細，足以證明牠對於這件事非常有興趣。最初我們當然懷疑：為甚麼牠拂拭得如此當心呢，但是很顯然，將蝸牛做成肉粥，費了許多天的工夫去吃牠，將自己的身子洗刷一番，確是必要的。

牠的燈

假使螢除了用像接吻似的輕扭以施行麻醉外，沒有其他才能，那麼牠將不會如此知名了。實際上，牠還會在自己身上點起一盞燈。這是牠成名的最好的方法。

雌螢發光的器具，生在身體最後的三節。前兩節中每節下面發出光來，成寬帶形。第三節的發光部分小得多，只有兩小點，光亮從背方透出來，在此昆蟲的上下面都可看見。從這些帶和點上，發出微微帶有藍色的很明亮的白光來。

雄螢只有這些燈中的小燈，就是只有尾部末節兩小點，這差不多是螢類全族中都有的。從幼小的蟎蟱時代起，就有此發光小點，繼續一生不改變。無論從螢身體的上下面皆能看見它

們，雌螢特具的兩條闊帶，則僅在下面發光。

我曾於顯微鏡下觀察過發光帶。這區域的皮上有一種白色塗料，形成很細的粒形物質，光即發源於此。附近更有一種奇異的氣管，具有短幹，上有許多細枝。此種枝幹散佈於發光物之上，有時深入其中。

我很清楚地知道，光亮是產生於螢的呼吸器官。有些物質，當和空氣混合，即發亮光，或甚至燃成火焰。此等物質名為可燃物；和空氣混合能發光或發焰的作用稱為氧化作用。螢的燈便是氧化的結果。形如白塗料的物質，是氧化後的餘物，空氣由連接於螢的呼吸器官之細管去供給。至於發光物質的性質，至今尚無人知道。

另一問題，我們知道得較詳。我們知道螢能完全調節牠隨身帶着的亮光。牠能隨意將光放大收小，或者熄滅。

假使細管中流入的空氣增加，光度就變得更強；假使牠高興，將氣管中空氣的輸送停止，那麼光度就變得微弱，或甚至熄滅。

刺激能夠影響到氣管。螢的身後最後一節的小點，只要有少許擾害，這精緻的燈立刻就會熄滅。當我想捕捉幼穉的螢時，清清楚楚看見牠在草上發光，但是足步略不經意，擾動了旁邊的枝條，光亮就即刻熄滅，這個昆蟲也看不見了。

然而雌螢的光帶，即使受極大的驚嚇，都沒有甚麼影響。比方說，將雌螢放在鐵絲籠子裏，空氣能夠流通，我們在旁邊放上一槍，這種爆裂的聲音，毫無影響，光亮如常。我取一樹枝，用冷水灑到牠們身上去，也沒有一個熄去燈；頂多光亮略停一停，而且這樣的情況也很少。我又從我的煙斗吹進一陣煙到籠子裏，這回光亮停止得長久些。有些竟停熄了，但即刻又點着。煙散以後，那光亮如常。假使將牠們拿在手上，輕輕地一捏，只要壓得不很重，牠們光亮並不很減少。我們根本就沒

有甚麼方法，能使牠們全體熄滅光亮的信號。

　　從各方面看起來，無疑的，螢能控制牠的發光器具，隨意使其明滅，不過在某一種環境之下，牠就失去了自制力。如果我們在發光之處，割下一片皮來，放在玻璃瓶試管內，雖然沒有像在活螢體上那般明耀，但還是從容發光。對於發光物質，生命是不需要的，因為發光的外皮直接與空氣相接觸，所以氣管中氧氣的流通，也就不必要。在含空氣的水中，這層外皮的光和在空氣中同樣明亮，如果是煮沸過的水，空氣已驅出的，光就漸漸熄滅。再沒有比這更好的證據來證明螢的光是氧化作用的結果。

　　螢發出的光呈白色，光線平靜，而且對眼睛很柔和，令人想到月亮裏掉下來的小花，燦爛，郤很微弱。假使在黑暗中，我們將螢的光向一行印的字上照過去，我們很容易辨出一個個的字母，甚至拼寫不很長的字，不過在這光亮所及的狹小的範圍以外，就甚麼也看不見。當然，像這樣的燈，不久就會令讀書的人厭倦的。

　　這些光明的小動物，對於家族卻全然沒有感情。牠們隨處產卵，有時在地面，有時在草上，隨便散播。產下以後，也再不去注意牠們了。

　　從生到死，螢總是放着光亮。甚至卵也有光，蠐蟖亦然。寒冷的氣候快要降臨時，蠐蟖鑽到地下去，但不很深。假如我把牠掘起來，牠的小燈仍然是亮着的。就是在土壤之下，牠們的燈也還是點着的。

兩種稀奇的蚱蜢

恩布沙（錫蘭產螳螂之一種）

海是生物初次出現的地方，那裏至今還有許多奇形怪狀的動物，這些動物界原始的模型，保存在海洋深處。但在陸地上，從前的奇形動物，差不多已經消滅完了。少數遺留下來的，大概都是昆蟲。其中之一種是祈禱的螳螂，關於牠特有的形狀和習性，我已經對你們說過了。別一種則為恩布沙。

這種昆蟲，在牠的幼蟲時代，大概是算布羅溫司省內頂奇怪的動物了；牠是一種細長、搖擺不定的奇形的昆蟲，沒有看慣的人，決不敢用手指去碰觸牠。我鄰近的小孩，看了牠驚異的模樣留下很深的印象，他們叫牠為"小鬼"。他們想像牠和妖法多少總有些關係。從春季到五月，或是秋天，有時在陽光和暖的冬天，有得遇見，雖然從不成大羣。荒地上強韌的草叢，可以受到日光照耀，以及有石頭可以遮風的矮叢樹，都是畏寒的恩布沙頂喜歡的住宅。

我要盡我的可能告訴你們，牠看來像甚麼，牠身體的尾部常常向背上捲起，曲向背上，成一個鈎，身體的下面，即鈎的上面，鋪着葉狀的鱗片，排列成三行。這個鈎架在四隻長而細的形如高蹺的腿上；每隻足的大腿與小腿連接之處，有一彎的突出的刀片，與屠戶的切肉刀相彷彿。

在高蹺或四足櫈上的鈎的前面，有很長而且直的胸部突起。形圓而細，似一根草幹。草幹的末梢，有獵狩的工具，完全類似螳螂的獵具。這裏有比針還要尖利的魚叉，及一個殘酷

的老虎鉗，生着如鋸子的牙齒，上臂做成的鉗口中間有一道溝，兩邊各有五隻長釘，當中亦有小鋸齒。前臂做成的鉗口也有同樣的溝但是鋸齒比較細巧，密一些，而且整齊。休息的時候，前臂的鋸齒嵌在上臂的溝裏。假使這部機器比較再大一點，那真是可怕的刑具了。

頭部也和這種武器相稱。這真是一個奇怪的頭啊！尖形的面孔，捲曲的鬍鬚，巨大突出的眼睛；在它們中間有短劍的鋒口；在前額，有一種從未見過的東西，—— 一種高的僧帽，一種向前突出的精美的頭飾，向左右分開，形成尖起的翅膀。為甚麼這個"小鬼"要戴這樣像古代占星家戴的奇形的尖帽呢？它的用場不久就會知道的。

在這時候，這動物的顏色是平凡的，大抵為灰色，迨發育後，就變為飾着灰綠、白與粉紅色的條紋。

如果你在叢林中，碰見這奇怪的東西，牠在四隻長足上動盪，頭部向着你不停地搖擺，牠轉動牠的僧帽，凝視你的肩頭。在牠的尖臉上，你似乎看到要遭受危險。但是如果你要想捉住牠，這種恐嚇的姿勢，立刻就不見了。高舉的胸部低下去，竭力用大步逃走，並且牠的武器幫助牠握住小樹枝。假使你有熟練的眼光，牠就很容易被捉住，關在鐵絲籠子裏。

起初，我的"小鬼"又很小，最多只有一兩個月，我不曉得如何餵養牠們。我找到大小適宜的蝗蟲，選取了頂小的給牠們吃。"小鬼"不獨不要牠們，而且還怕牠們。無論那個無思想的蝗蟲，如何溫和地走近牠，總會受到很壞的待遇。尖帽子低下來，忿怒地一觸，使蝗蟲滾跌開去。因此可知，這個魔術家的帽子是自衛的武器。雄羊用牠的前額來衝撞，同樣的，恩布沙用僧帽來牴觸。

第二回，我給牠一個活的蒼蠅，這一次的酒席牠立刻接受了。當蒼蠅走近的時候，守候着的恩布沙掉轉牠的頭，彎曲了

胸部，給蒼蠅猛然一叉，把牠挾在兩條鋸子之間。貓撲老鼠也沒有這樣快。

我驚異地發現蒼蠅不僅可供恩布沙一餐，而且足夠全日之食，甚至常常可吃幾天，這種相貌兇惡的昆蟲，竟是極其節食的。先我以為牠們是魔鬼，卻發現牠們食量像病者般細小。經過一個時期後，就連小蠅也不能引誘牠們了，冬天的幾個月，完全是斷食的。到了春天，才準備吃一些少量的米蝶和蝗蟲；恩布沙總在頸部攻擊牠們的俘虜，和螳螂一般。

幼小的恩布沙，關在籠子裏時，有一種非常特別的習性。在鐵絲籠內，牠的態度從最初一直到最後，都是一樣的，而且是一種頂奇怪的態度。牠用四隻後足的爪，緊握鐵絲倒懸着，絲毫不動，背部向下，整個的身體就掛在那四點上。如果牠想移動，前面的魚叉張開，向外伸去，握緊另一鐵絲，朝懷裏拉過來。這種方法將這昆蟲在鐵絲上拽動，仍然是背朝下的。然後魚叉兩口合攏，縮回來放置胸前。

這種倒懸的姿勢，在我們就一定很難受，然而牠在鐵絲籠內，繼續如此，至十個月以上，毫無改變。蒼蠅在天花板上，確實也是這種姿勢，但是牠有休息的時間。牠在空中飛動，用平常的習慣行路，和展開在太陽光中。恩布沙則完全相反，保留這種奇怪的姿勢，至十個月以上，絕不休息，懸掛在鐵絲網上，背部朝下，獵取、吃食、消化、睡眠，經過昆蟲生活所有的階段，最後以至於死。牠爬上去時年紀尚很輕；落下來時，已經是年老的屍首了。

這個習慣最可注意的，是只有在俘囚期內如此，並不是這種昆蟲天生的習慣；因為在戶外，除掉很少的時候，牠通常是立在草上，是背脊向上的。

和這種稀奇的行為相似的，我知道一個例子，比這個還要特別些，就是某種黃蜂和蜜蜂在夜晚休息時的姿態。有一種特

別的黃蜂 —— 生紅色前腳的蠼螋 —— 八月底我的花園裏非常多，牠們很喜歡在薄荷草上睡眠。在薄暮，特別是窒悶的日子，風暴正在醞釀時，我們一定能看到這奇怪的睡眠者睡在那裏。在晚上休息時，睡眠姿勢大概沒有比這個更奇怪的了。牠用顎咬入薄荷的莖內。方的莖比較圓莖更能握得牢固，牠只用嘴咬住，身體筆直的橫在空中，腿摺疊着，牠和樹幹成直角，這昆蟲全身的重量，完全置在大腮上。

蠼螋利用牠強有力的顎這樣睡覺，身體伸在空中。如果拿動物的這種情形來推想，我們從前對於休息的固有觀念就要被推翻。任風暴狂吹，樹枝搖擺，這位睡眠者並不被這搖動的吊牀所煩擾，至多在一個時候用前足抵住這搖動的幹罷了。也許黃蜂的顎像鳥類的足趾一般，具有極強的把握力，比風的力量還要強。據我所知，有好幾種黃蜂和蜜蜂都採用這種奇怪的位置睡眠的 —— 用大腮咬住枝幹，身體伸直，腿縮着。

大約五月中旬，恩布沙已發育完全。牠的體態和服飾比螳螂更值得注意。牠保留着一點幼稚時代的怪相 —— 垂直的胸部，膝上的武器和身體下面三行鱗片。但是牠現在已不復捲成鈎子，看起來亦文雅得多了。灰綠色的翅膀，粉紅色的肩頭，敏捷的飛翔，下面的身體飾着白色和綠色的條紋。雄的恩布沙，是一個花花公子，和有些蛾類相似，更用羽毛狀的觸鬚修飾着自己。

在春天，農人們遇見恩布沙的時候，他總以為是看到了螳螂，——這個秋天的女兒了。牠們外表很相像，使人們懷疑牠們的習性也是一樣。事實上因了牠的異常的甲冑，會使人想到恩布沙的生活方式甚至比螳螂兇惡得多。但是這種思想錯了，儘管牠們都有一種作戰的姿態，恩布沙卻是和平的動物呢！

把牠們關在鐵絲單裏，無論半打或只一對，牠們沒有一刻失掉柔和的態度。甚至到發育完成時，牠們吃得很少，每天的

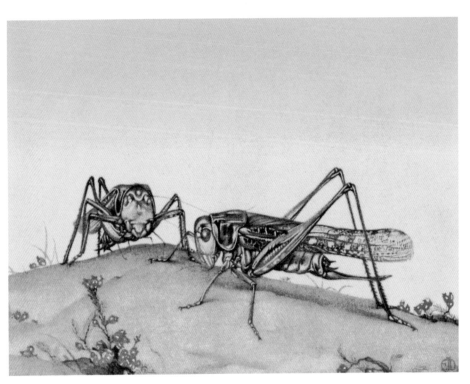

白面孔蟗斯

食物有一二隻蒼蠅就夠了。

食量大的小動物，當然是好爭鬥的。螳螂一看見螳蟲馬上就興奮起來，於是戰爭開始了，節食的恩布沙，是和平的愛好者。牠不像螳螂那樣和鄰居爭鬥，也不裝做鬼的形狀，去恐嚇牠們。牠從不突然張開翅膀，也不作蝮蛇的噴氣狀。牠從不吃掉自己的姊妹，更不像螳螂的吞食自己的丈夫。這樣殘暴的行為，牠是沒有的！

這兩種昆蟲的器官，完全一樣的。所以此等性格上的不同，無關於身體上的形狀。或者由於食物的差異吧。無論人或動物，淳樸的生活總可使性格溫和些；自奉太厚了，就要殘忍起來。貪食者吃肉和飲酒──這是野性勃發的普通原因──從不能像自制的隱士之溫和，他是吃些麵包，在牛奶裏浸浸，這樣生活的。螳螂是貪食者。恩布沙是過淳樸生活的。

雖然，我的解釋已經很清楚，恐有人要問更進一層的問題。這兩種昆蟲有完全相同的形狀，想來一定也有同樣的生活需要；為甚麼一種如此貪食，另一種又如此有節制呢？牠們在態度上，如同別種昆蟲的已經告訴我們一樣：嗜好和習性，並不完全基於形體的結構；在決定物質的定律上，還有決定本能的定律存在。

昆蟲記

兩種稀奇的蚱蜢

白面孔螽斯

在我所居住的區域中的白面孔螽斯，無論從其善於歌唱，及莊嚴的丰采上，總算是蚱蜢類中的首領。牠有灰色的身體，一對強有力的大腮，及寬闊象牙色的面孔。如果要捕捉牠，並不煩難。在夏天最炎熱時候，我們常見牠在長得很高的草上跳躍，特別在向陽的岩石下，那裏有松樹生長着。

希臘字 Dectikos（即白面孔螽斯 Decticus 的語源）的意

義是咬，喜歡咬。白面孔螽斯因此取了名字。牠確實是善於咬的昆蟲。假使這一種強壯的蚱蜢抓住了你的指頭，你要當心一點，牠會將它咬出血來。當我捕捉牠的時候，我非常提防牠強有力的顎，兩頰邊突出的大形肌肉，顯然是切碎硬皮的捕獲物時用的。

白面孔螽斯關在我的籠裏，我發現蝗蟲蚱蜢等任何新鮮的肉食，都合牠們的需要。藍翅膀的蝗蟲，尤合嗜好。當食物放進籠子裏，常有一陣騷擾，特別在白面孔螽斯餓的時候。牠們一步一步很笨重地向前突起。因受長脛的阻礙，行動無法敏捷。有些蝗蟲立刻被捉住，有些急跳到籠子頂上，逃出這螽斯所能及範圍之外，因為牠身體笨重，不能爬到這麼高。不過蝗蟲僅能延長牠們的命運而已。或因疲倦，或因被下面的綠色食物所引誘，牠們從上面跑下來，於是立刻就為螽斯所獲。

這種螽斯，雖然缺乏智慧，然亦有一種科學的殺戮方法，如我們別處所見一樣。牠常常刺捕獲物的頸部，咬牠主宰運動的神經，使其即刻失掉抵抗力。這是很聰明的方法，因為蝗蟲是很難殺的。甚至頭已經掉了，牠還能跳躍。我曾見過幾隻蝗蟲，已經被吃掉一半了，還不斷地亂跌，居然被牠逃走。

因牠嗜好蝗蟲，及有些對於未成熟的穀類有害的種族，假使這種螽斯多一些，對於農業或許有相當的利益，事實上牠給我們主要的興趣，在於牠是遠古遺留下來的紀念物，給我們一瞥現今已經不用了的習性。

我應該謝謝白面孔螽斯，使我初次知道關於幼小螽斯的一兩件事。

牠產下的卵，並不像蝗蟲與螳螂那樣，將卵裝在硬沫做成的桶裏；也不像蟬，將牠們產在樹枝的孔穴裏，這種螽斯將卵像植物種子一般種植在土壤裏。

母的白面孔螽斯身體尾部有一種器具，可以在土面上掘出

一個小小的洞穴。在這個穴內，生下若干卵，用這種器具將洞穴四面的土弄鬆，推入洞中，好像我們用手杖將土填入洞穴一樣。用如此的方法，牠將這個小土井蓋好，再將上面的土弄平。

然後，牠到附近的地方散一會步，以作消遣。沒過多少時候，牠回到先前產卵的地方，靠近原來的地點 —— 這是牠記得很清楚的 —— 又重新開始工作。如果我們注意牠一小時，可以看到牠這種全部的動作，不下五次以上，連附近的散步在內。牠產卵的地點，常是靠得很近的。

各種工作都已完畢後，我察看這種小穴。光有卵放在那裏，沒有小室或鞘保護牠們。通常約有六十個卵，顏色是紫灰的，形狀如梭。

我開始觀察螽斯的工作，想看看卵子孵化的情形，於是在八月底，我取來很多的卵，放在鋪有一層沙土的玻璃瓶中。牠們在裏面度過八個月時間，沒有感覺氣候變化的痛苦；沒有風暴，沒有大雨，也沒有牠們在戶外必須受到的過度炎熱的太陽。

六月來時，瓶中的卵，還未表現開始孵化的徵兆。和九個月前我剛取來時一樣，既不皺也不變色，反而現出極健康的外觀。在六月裏，小螽斯在原野裏常常可以碰到了，有時，甚至已發育得很大。因此，我很懷疑，究竟甚麼理由使卵的發育遲延下來的。

於是便產生一種猜測。這種螽斯的卵，如同植物種子般種在土內，是毫無保護，露在雨雪之中的。在我瓶子裏的卵，在比較乾燥的狀況裏，過了一年的三分之二的時間。因為牠們本應如植物種子般散播着的，卵的孵化大概也需要潮濕，如種子發芽時需要潮濕一樣。我決定試一試。

我將從前取來的卵，分一部分放在玻璃管內，在牠們上

面，薄薄的加一層細的濕沙。玻璃管用濕棉花塞好，以保持裏面的濕度。無論誰看見我的試驗，總以為我是在試驗種子的植物學家！

我的希望竟達到。在溫暖與潮濕之下，卵不久即表示孵化的信號。牠們漸漸脹大，殼分明就要裂開。我費了兩星期工夫，每小時都很疲勞地守候着，想看看小螽斯跑出卵來的情形，以解決盤踞在我心中很久的疑問。

疑問是：這種螽斯，照常例，是埋在土下約一寸深。現在這個新生的小螽斯，夏初時在草地上跳躍，和發育完全的一樣，有一對很長的觸鬚，其細如髮；並且身後生有兩條異常的腿 —— 兩條跳躍用的撐桿，對於行路當很不方便。我很想知道，這個柔弱的動物，帶着這樣笨重的行李，當到地面來時，其間經過的工作，是怎樣做的。牠用甚麼東西從土中穿出一個小道路來呢？牠有一粒小沙就可以折斷的觸角，少許的力量，就會斷脱的長腿，這個小動物是顯然不能從土壤中解放出來的。

我已經告訴過你們，蟬和螳螂，一個從牠的枝頭，一個從牠的巢，出來時，穿有一種保護物，像一件大衣。我想起來，這個小螽斯，從沙土裏出來時，一定有比生出以後，在草間跳躍時所穿的還要簡單而且緊窄的衣服。

我的猜測沒有錯。這時候，白面孔螽斯和別種昆蟲一樣，的確穿有外套。這個細小肉白色的動物包在一個鞘裏，六足平置胸前向後伸直。為了使出來時比較容易，牠的大腿縛在身旁；另一件不方便的器官 —— 觸鬚 —— 動也不動的壓在包袋裏。

頸彎向胸部。大的黑點，—— 將來是牠的眼睛 —— 毫無生氣且十分腫大的面孔，使人以為是盔帽。頸部因頭彎曲的關係，十分開闊，牠的筋脈並微微的跳動，時張時合。因有這種

突出的跳動的筋脈，新生的螽斯的頭部，才能轉動。賴頸部推動潮濕的沙土，掘成一個小洞。於是筋脈張開，成為球狀，緊塞在洞裏，這個使螳蜅移動牠的背，並推土時，有足夠的力量。如此，進一步的步驟，已經成功。球泡的每一回脹起，對於小螽斯在洞中爬動，很有幫助。

看到這個柔軟的動物，身上還是沒有顏色，移動牠膨脹的頸部，攢掘土壤真是可憐了。肌肉還未強健的時候，這真無異與硬石搏鬥呵！不過奮鬥居然成功，一天早晨，這塊地方，已做成小小的孔道，也不是直的，也不是曲的，約一寸深，寬闊如一根柴草。用這樣的方法，這個疲倦的昆蟲，達到地面上了。

還沒有完全離開土壤以前，這位奮鬥者休息一會，以恢復這次旅行後的筋力，作一次最後的奮鬥，竭力膨脹頭後面突出的筋脈，突破保護牠許久的鞘。這個動物將外衣拋去了。

於是這是一個幼小的螽斯了。還是灰色的，但是第二天漸漸變黑，同發育完全的螽斯比較起來簡直是黑奴。不過為牠成熟時期象牙面孔作先聲的，是在大腿之下有窄窄一條白的斑紋。

在我面前發育的螽斯啊！在你面前展開的生命太兇險了。你的許多親屬們，在未得自由之間，有許多因疲倦而死的。在我玻璃管中，我看到好多幼蟲因沙粒阻止，放棄了尚未成功的奮鬥，身上長了一種絨毛。黴將牠們的屍體包裹了。如果沒有我的幫助，到地面上來的旅行更危險，因屋子外面泥土更粗糙，而且給太陽曬硬了。

這個有白條紋的黑鬼，在我給牠的萵苣葉上咬嚙，在我給牠的居住籠裏跳躍，我可以很容易地豢養牠，不過牠已不能再給我更多的知識，所以我就恢復了牠的自由，以報答牠教我的知識，我送給牠這個玻璃管，及花園裏的蝗蟲。

因為牠教給我蚱蜢在離開產卵的地點時，穿着一件臨時的衣服，將那些最笨重的部分 —— 長腿和觸角等 —— 包在鞘裏。牠又告訴我這種只能略略伸縮，乾屍狀的動物，為了旅行之便，項頭上生有一種瘤，或顫動的泡，—— 是一種原來生成的機器，在我最初觀察螽斯的時候，我並沒有看見用來做行路的幫助。

探尋奇妙的身邊世界

　　寧願丟了頭、沒了頸背，也不肯放棄擁抱，這樣的愛情算不算至死不渝？甘願用四年的苦工換取短暫的歌唱，如此執着的音樂家是誰？為了給兒女一個溫暖的窩，甘願奔波勞苦一生，這樣可敬的父母何處去尋？法布爾告訴我們，答案就在我們身邊，同樣的故事天天都在上演。

　　在地球上，昆蟲的數量比人類不知多多少千萬倍，人和昆蟲幾乎時時處處都會不期而遇，但是，人們對地上的小昆蟲卻熟視無睹，不屑一顧。只有在法布爾的筆下，昆蟲的生活才使人彷彿 "看見了小說戲劇中所描寫的同類的命運，受得深切的銘感"，"讓人讀了卻覺得比看那些無聊的小說戲劇更有趣味，更有意義"。為甚麼獨獨法布爾能夠獲得昆蟲如此的 "厚贈"？答案正如他自己所說："你們這些帶着螫針的和盔甲上長着鞘翅的……你們說說我跟你們是多麼親密無間，我多麼耐心地觀察你們，多麼認真地記錄你們的行為。"

　　"耐心的觀察" 使法布爾成為昆蟲的知音，同樣，人類的許多成就也來自 "覺察那些稍縱即逝的事物並對其進行精細觀察" 的能力。俄國生理學家巴甫洛夫曾告誡學生："應當先學會觀察，觀察。不學會觀察，你就永遠當不了科學家。" 誰沒見過熟透的

蘋果從樹上落下來？牛頓卻偏偏要探究為甚麼蘋果會落到地上，而不是飛向天空。於是一個小蘋果，竟"砸"出了"萬有引力"。法國著名文學家莫泊桑也以善於"發現別人沒有發現過和沒有寫過的特點"著稱。據說為培養敏銳的觀察力，他曾多次到馬站去觀察馬匹，練習用一句話描繪出其中一匹馬與其餘幾十匹馬的區別。

古羅馬一位哲人說："自然賜給了我們知識的種子，而不是知識的本身。"世界上並不缺少美，問題在於我們是否擁有一雙發現美的眼睛。只要善用隨身裝備 —— 善於觀察的眼、富於想像的腦、充滿好奇的心，我們也會從平凡的身邊世界中發現"知識的種子"。

趣味重溫（1）

一、你知道嗎？

1. 根據下列昆蟲的特性，在哪些情況下牠們可大派用場？

    （1）清潔道路、田野的垃圾   a. 螳螂

    （2）消滅害蟲，保護糧食   b. 螢火蟲

    （3）醫治凍瘡、牙痛   c. 白面孔螽斯

    （4）研究熒光燈原理   d. 恩布沙

    （5）了解遠古昆蟲奇異形態   e. 蜣螂

2. 昆蟲樣貌、特性各不相同，但有一個共同點是 _____ 。
   a. 都是飛行家
   b. 都以其他昆蟲為食
   c. 剛出生的時候都是一枚卵
   d. 都是害蟲

3. 法布爾告訴我們，若想對昆蟲知多一點，_____ 是最好的辦法。
   a. 實驗室解剖
   b. 在自然界中觀察
   c. 書籍記載
   d. 熟記常識

二、想深一層

1. 法布爾透過細緻的觀察，詳盡揭示出蟬的成長過程。請閱讀〈蟬〉一章，回答下列問題。

(1) 下面是一段蟬寶寶的成長日誌，你能根據法布爾的觀察正確地排序嗎？

（　）表演一種奇怪的體操，用這種運動，把身體的尖端從鞘中蛻出。

（　）外層的皮開始由背上裂開，裏面露出淡綠色的蟬。

（　）牠的地下生活大概是四年。

（　）棕色的色彩出現，成為完全的蟬。在日光中歌唱不到五個星期。

（　）蟬找到適當的細樹枝，即用胸部尖利的工具，把牠刺上一排孔。牠的卵就產在這些孔裏的小穴中。

（　）孵化中的卵開始很像極小的魚，眼睛大而黑，身體下面有一種鰭狀物。

（　）魚形蟭蟧到穴外後，立刻把皮蛻去。尋找到適當的地點，埋藏了自己。

（　）夏日，蟬的蟭蟧從地底爬出。

(2) 由上可知若要完整地觀測一隻蟬寶寶從出生到發育成熟，至少需要大約＿＿＿＿＿＿＿的時間。

a. 一年　　　b. 二年　　　c. 三年　　　d. 四年

2. 法布爾用了哪些方法觀測昆蟲的生活？閱讀下列文字，將與其對應的觀察方法連線配對。

(1) 從前埃及人想像這個圓球是地球的模型，蜣螂的動作與天上星球的運轉相合。他們以為甲蟲具這許多天文學知識是很神聖的，所以叫牠"神聖的甲蟲"。

a. 對比觀察法

(2) 金蜣的工作是在洞口開始，所以把掘出來的廢料堆積在地面；但蟬蟭蟟是從地底上來的。最後的工作，才是開關門口的生路，因為當初並沒有門，所以牠不能在門口堆積塵土。

b. 空間觀察法

(3) 全巢大致可分三部，當中一部分是由一種小片做成，排列成雙行，前後覆着，如屋的瓦片。小片的邊沿，有兩行缺口，用以做門路。

c. 聯想觀察法

(4) 在牠不生不死的兩三日中，我給牠洗浴。幾天以後，給螢傷害很重的蝸牛，就回復原來的狀態。牠已能動，亦已回復知覺。

d. 推理觀察法

(5) 我想，經過這次試驗，我們可以斷定，蟬是聽不見的，好像一個極聾的聾子，牠對自己所發的聲音一點也不覺得的！

e. 實驗觀察法

3. 法布爾被譽為"像哲學家一般地思，像美術家一般地看，像文學家一般地寫"。閱讀下列各句，體會法布爾如何將昆蟲世界描繪得生動多彩，並回答問題。

（1）請根據法布爾的描述，找出下列兩種事物的聯繫，完成填空。

A	
恩布沙	螳螂
蟬	白面孔螽斯
螢火蟲	蟭螂

B		
鈸	槓桿	燈
拐杖	紀念物	
僧帽		

a. _____ 勇敢地用腿支持身體，把背部用作一條 _____，認定一點頂撞，最後，牆壁破裂成碎片。

b. _____ 是非常喜歡唱歌的。翼後的空腔裏帶着一種像 _____ 一般的樂器。

c. _____ 做出一種非常驚人的姿勢，使蝗蟲充滿了恐懼。……牠身體的上端彎曲，樣子像一條曲柄的 _____，起落不定。

d. _____ 前額有一種從未見過的東西——一種高的_____，一種向前突出的精美的頭飾，向左右分開，形成尖起的翅膀。

e. _____ 是遠古遺留下來的_____，給我們一瞥現今已經不用了的習性。

f. 很少蟲類像 _____ 這樣有名的，這個稀奇的小動物尾巴上掛了一盞 _____，以祝生活的快樂。

（2）法布爾是通過何種修辭手法將 A、B 兩組事物聯繫起來？

＿＿＿＿＿。A 組各項屬於該修辭的＿＿＿＿＿；B 組各項屬於該

修辭的＿＿＿＿＿。

三、延伸思考

1. 蜣螂（即我們俗稱的"屎殼郎"）被譽為"大自然的清潔工"，在處理人與自然的關係中，我們可從蜣螂身上獲得哪些啟發？

2. 法布爾的《昆蟲記》被譽為是"為昆蟲譜寫的生命樂章"，你認為法布爾的態度適合於對待寵物嗎？

泥水匠蜂（即金腰蜂）

選擇造屋的地點

喜歡在我們屋子邊做窠的各種昆蟲中，最能引起人興趣的，首推一種金腰蜂，因為牠有美麗的身材，聰明的態度以及奇怪的窠巢。知道牠的人很少，甚至有時牠住在一個人家的火爐旁邊，而這人家還不知道牠。這完全由於牠安靜平和的天性。的確，牠十分隱避，牠的主人常常不知道牠的存在。討厭，吵鬧，麻煩的人，出名卻非常容易。現在讓我來把這謙遜的小動物，從不知名中提拔出來吧！

金腰蜂是非常怕冷的動物。搭起帳篷，在扶助棕橄樹生長、鼓勵蟬歌唱的太陽光下，甚至有時為了牠家族需要溫暖，找到我們的住屋裏來。牠平常的居所，是農夫們單獨的茅舍，門外生有無花果，樹蔭蓋着一口小井。牠選擇一個暴露在夏日的炎熱之下的地點，並且如果可能，得有一隻大火爐，柴枝常常燃燒。冬天晚上，溫暖的火焰對於牠的選擇很有影響，看到煙筒裏出來的黑灰，牠就知道那是個很好的地點。煙筒裏沒有黑煙的，牠就絕對不與信任，因為那屋子裏的人一定在受凍。

七八月裏的大暑中，這位客人忽然出現找尋做窠的地點。牠並不為屋子裏一切喧吵和行動所驚擾，他們一點注意不到牠，牠也不注意他們。牠只有時利用尖銳的眼光，有時利用靈敏的觸鬚，視察烏黑的天花板、木縫、煙筒，特別是火爐旁邊。甚至煙筒的內部都要視察到。視察完畢，決定地點後，即行飛去，不久帶着少許泥土來建築住屋的底層來了。

牠所選擇的地點，各不相同，常常是很奇怪的。爐的溫度最適宜於小蜂，最令其滿意的地點是煙筒內部的兩側，高約二十寸或差不多的地方。但這個舒服的藏身之所，也有相當的缺點。煙要噴到巢上，把它們弄成棕色或黑色，像燻在磚石上的一樣。假使火焰不燒到窠巢，還不是一件最要緊的事。不然小黃蜂就可能燉死在黏土罐裏的。不過母蜂好像知道這些事：牠總是將牠的家族安置在煙筒的適當地點，那裏很闊大，除卻煙灰，別的是很難達到的。

但是，雖然牠樣樣當心，終還有一件危險有時會發生，就是當黃蜂正在造屋，一陣蒸汽或煙幕，使得牠剛建成一半的屋子不得不停工一些時，甚至全日停工。煮洗衣服的日子更危險。從早到晚，大釜子不停地滾沸。灶裏的煙灰，大釜與木桶裏的蒸汽，混合成為濃厚的雲霧。

曾聽見說過，河鳥回巢的時候，要飛過磨機壩下的大瀑布。金腰蜂更勇敢了，牙齒間含了一塊泥土，要穿過煙灰的雲霧。煙幕太厚，牠是完全不見了。一種不規則的鳴聲在響着，那是牠在工作時唱的歌，因此，可以斷定牠在裏邊，建築工作在雲霧裏神秘地進行着。歌聲停止，牠又從雲霧裏飛回來，並沒有受傷。差不多每天都要經歷這種危險好多次，直到巢築成功，食物儲藏好，至大門關上為止。

每次只有我一個人能看到金腰蜂在我的爐灶裏。並且第一次看見的時候，是在煮洗衣服的一天。我本來是在愛維儂（Avignon）學校裏教書的，時間快到兩點鐘，幾分鐘之內，就要敲鼓，催我去向羊毛工人演講了。忽然我看見一個奇怪而輕靈的昆蟲，從木桶裏起來的蒸汽衝出來。牠身體當中的部分很瘦小，後部很肥大，而這兩者之間，是由一根長線連接起。這就是金腰蜂，是我第一次沒有用觀察的眼光看到的。

我非常熱心地想同我的客人相熟，所以吩咐家人，在我不

在家時，不要去擾害牠。事情進展之好勝過我所希望的。當我回家的時候，牠仍然在蒸汽後面進行牠的工作。因為要看看牠的建築和牠食物的性質，以及幼小黃蜂之進化等，所以我把火熄滅了，藉以減少煙灰的量，差不多足足兩小時，我很仔細地注視牠鑽在煙霧裏。

以後，差不多四十年來，我的屋裏從未再有這位客人光臨過。進一步關於牠的知識，是從我鄰居們的爐灶旁邊得來的。

金腰蜂有一種孤癖流浪的習慣。和其他一般的黃蜂和蜜蜂不同，牠常常都是在一個地點築起單獨的巢，在牠養活自己的地方，牠很少見到牠家族的其他成員。在我們城南，時常可以看到牠，但是牠寧願居住農民煙灰滿佈的屋子裏，也不喜歡住城鎮居民雪白的別墅。我所看到的任何地方，都沒有像我們村上的金腰蜂多，而且我們村上傾斜的茅屋，都被日光曬成黃色。

事實很顯明，泥水匠蜂揀選煙筒做窠巢，並不是圖自己的安適：因為這種地點需要勞力，而且是危險的工作。牠是完全為了家族的安適。牠的家族與其他的黃蜂和蜜蜂不同，居住必須有較高的溫度。

我曾在一家絲廠的機器房裏，見過一個金腰蜂的巢，剛剛在大鍋爐上面的天花板上。這個地點，寒暑表通年是一百二十度，只除掉晚上和放假的日子。

在鄉下的蒸酒房裏，我也見過許多牠們的巢，便利的地方都佔滿了，甚至賬簿堆上都有。這裏的溫度，與絲廠相差不遠，大約是一百十三度。這表明泥水匠蜂能夠忍受使油棕樹生長的熱度。

鍋和爐灶當然是牠最理想的家，但是牠也很願意住在任何舒適的角落裏：如養花房，廚房的天花板，關閉的窗牖之凹處，茅舍中臥室的牆上等處。至於牠建造窠巢的基礎，牠是不

關心的。平常牠多孔的窠都是造在石壁或木頭上，但是有時我也看到它被建在葫蘆的內部，皮帽子裏，磚的孔穴中，裝麥的空袋內，及鉛管裏面。

有一次，我在近愛維儂一個農夫家裏所看到的事情更覺稀奇。在一個有極闊大的爐灶的大房間灶裏，一排鍋子煮農工們吃的湯與牲畜吃的食物。工人們從田裏回來，肚子很餓，一聲不響很快地吃，為了貪圖半小時許的舒適，除了帽子，脫去上衣，掛在木釘上。吃飯的時間雖然很短促，給泥水匠蜂佔有他們的衣物，卻綽有餘裕。草帽裏邊被牠們佔為建築的適當地點，上衣的褶縫視為最佳的住所；並且建築工作即刻開始。一個工人從吃飯桌子旁站起來，抖抖衣服，別個拿起帽子，去掉金腰蜂的窠巢，這時候，牠的巢已有橡樹果子的大了。

那個農夫家烹調食物的女人，對於泥水匠蜂毫無好意。她說，牠們常常弄髒了東西。天花板、牆壁及煙筒上，常被塗了泥；但在衣類和窗幔上情形卻不同。她每天用竹子敲窗幔。可是驅逐牠們又很不容易，驅逐一次，第二天早晨又一樣的跑來造巢了。

牠的建築物

我同情農家廚役的煩惱，但尤其抱憾的是我不能替代她的地位。假使我能任金腰蜂很安靜地住着，我是如何的開心呢！就是把家具上弄滿了泥土，也是不妨事的！我更渴望知道那種巢的命運，倘做在不穩固的東西上。如衣服或窗幔，它們將怎樣！泥水匠蜜蜂的窠巢是用硬灰泥做成的，圍繞在樹枝的四周，便很堅固的黏着上面。但是泥水匠黃蜂的窠巢，單是用泥土做成，沒有水泥或堅固的基礎。

建築的材料，沒有別的，只是潮濕的泥土，從濕地取來

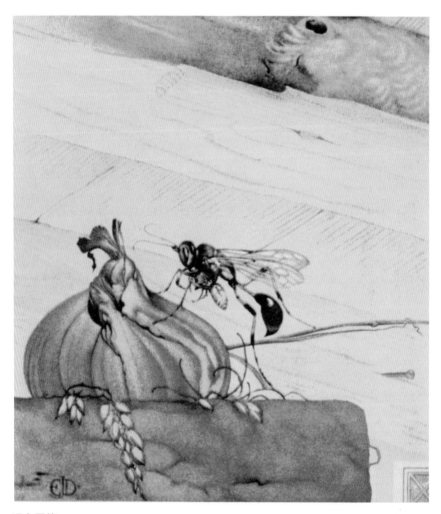

泥水匠蜂

的。河邊的黏土最合用，但在我們多沙石的村莊裏，河道非常之少。然而，我自己的園中，在種蔬菜的區域，掘有小溝，有時候，有一點水整天的流着，於是在無事時，我可以觀察這些建築家了。

鄰近金腰蜂當然會注意這件可喜的事，匆忙地跑來取水邊這一層寶貴的泥土，不肯輕輕放過這乾燥時季稀少的發現。牠們用下腮刮取表面光滑的泥，足直立起來，翼在振動，把黑色的身體抬得很高。管家婦在泥土邊做工，把裙子小心地提起，以免弄污，然而很少能不沾上污穢。這些搬取泥土的黃蜂，身上竟連一點泥跡都沒有。牠們有自己的好方法，將裙提起，使全身一點不沾染泥，除掉只有足尖及用以工作的下腮沾染了一點。

這樣，泥球就做成功，差不多有豌豆大小。用牙齒銜住，飛回去，在牠的建築物上加上一層，於是又飛來做第二個。在一日中天氣最炎熱的時候，只要泥土還是潮濕的，這樣的工作就繼續不已。

但是頂好的地點，還是村中人給騾子飲水的泉。那裏時時刻刻都有潮濕的黑爛泥，最熱的太陽，最強的風都不能使它乾燥。這種泥濘的地方，人走路很不方便，然而金腰蜂卻喜歡來這裏，在騾子的蹄旁做小泥丸。

和泥水匠蜜蜂這位黏土建築家不一樣，黃蜂不把泥土先做成水泥，牠就這樣拿去應用。所以牠的巢造得很不結實，完全擋不起空中氣候的變化。一點水滴上去，就會變軟成原來的泥土，一陣大雨就會將它打成泥漿。它們只是乾了的爛泥，濕了水以後，即刻又變為爛泥了。

事實很顯明，即使幼小的金腰蜂並不如此怕冷，能給雨水打得粉碎的窠巢也必須在避雨的處所。這就是為甚麼牠喜歡在人類的屋子裏，特別在溫暖的煙筒築窠的緣故了。

築在最後的粉飾 —— 遮蓋起牠建築物的各層的 —— 沒有完工以前，牠的窠巢確有一種自然的美觀。它有一叢的小窠穴，有時相並列成一排，形狀有點像口琴，不過以互相堆疊成層的居多。有時數來有十五個小窠穴，有時十個，有時減少至三四個，甚至僅有一個。

窠穴的形狀和圓筒差不多，口稍大，底稍小。約一寸多長，半寸闊。它精緻的表面是仔細地粉飾過的，有一列線狀的凸起，圍在四周，像金線帶上的線。每一條線，就是建築物的一層。線的形成是因為用泥土去蓋起每層已經造好的窠穴而露出來的，數一數它們，就可知道黃蜂在建築時，來回旅行了幾次。它們通常是十五至二十層之間，每一窠穴，這位勞苦的建築家大概須二十次的往返搬取材料。

窠穴的口當然是朝上的。假使罐子的口朝下，就不能盛東西了。黃蜂的窠穴，並不是旁的，不過是一個罐子，預備盛儲積的食物：一堆小蜘蛛。

這些窠穴一一建造後，塞滿蜘蛛，生下卵，封好，仍保存它們美觀的外表，直到黃蜂認為窠穴的數量已經夠了的時候為止。於是黃蜂將全體的四周，又堆上一層泥土，使它堅固，用以保護。這一回的工作，做得既無計算，且不精巧，也不像從前做窠穴一樣，加以相當修飾。泥帶來多少，就堆上多少，只要堆積上去就算了。泥土取來便放上去，僅僅不經心地敲幾下，使它鋪開。這一層的包裹物，將建築的美觀統統掩蓋了。到了此種最後形狀，蜂巢就像一堆泥，是你擲在牆壁上的。

牠的食物

現在我們已知道食物瓶的情形是怎樣的，我們必須知道它裏面藏的是甚麼東西。

幼小的金腰蜂是以蜘蛛為食的。甚至在同一窠巢、同一窠

穴中，食品的形狀各各不同，因為各種蜘蛛都可充作食品，只要不大到裝不進瓶裏去。背上有三個交叉白點的十字蜘蛛，是最常見的餚饌。理由我想很簡單，因為黃蜂並不會離家太遠去遊獵，交叉紋的蜘蛛是最易尋到的。

生有毒爪的蜘蛛是最危險的野味。假使蜘蛛身體很大，那麼就須擁有比黃蜂更大的勇敢和更大的技藝，才能夠征服牠。並且窠穴太小，也盛不下這樣大東西。所以，黃蜂就獵取較小的，如果牠遇見一羣可以獵取的蜘蛛，常常揀其中最小的一個。但是，雖然都是較小的，然而牠的俘虜的身材還是差別甚大，因此大小的不同，就影響到數目的不同。在這個窠穴裏盛有一打蜘蛛，而另一個窠穴，只藏五個或六個。

牠專揀小蜘蛛的第二個理由，是在未將蜘蛛裝入窠穴之前，先要將牠殺死。牠突然落在蜘蛛的身上，差不多連翅也不停，就將牠帶走。旁的昆蟲用的麻醉方法，牠完全不知道。這個食物一經儲下來就要變壞的。幸而蜘蛛很小，一頓就可吃完。如果是大的，只能做幾回吃，那就一定要腐爛，毒害牠窠巢裏的螬蟲了。

我常常看到牠的卵，不是在上面，而是在儲藏的第一個蜘蛛的身上。差不多完全沒有例外。黃蜂都是將一個蜘蛛放在最下層，將卵放在牠上面，然後再將別的蜘蛛放在頂上。用這個聰明的法子，小螬蟲只有先吃比較陳舊的死蜘蛛，然後再吃比較新鮮的。這樣，牠的食物就不用擔心會變壞了。

卵放在蜘蛛身上的某一部分，也是一定的，含頭的一端，放在靠近最肥的地方。這對於螬蟲很好，因為一經孵化，就可以吃最柔軟最可口的食物。然而這個經濟的動物，對食物一口也不浪費掉。到吃完的時候，一堆蜘蛛甚麼也不剩下來。這種大嚼的生活要經過八天或十天。

於是，螬蟲就開始做牠的繭，一種純潔的白絲袋，異常精

緻。還需要些東西使這個袋堅實，可以用作保護。所以�812又從身體內生出一種漆一般的流質，浸入絲的網眼，漸漸變硬，成為很光亮的漆。然後，牠更在繭的底面，加上一個硬的填充物，使一切都十分妥當。

做成以後，這個繭呈琥珀黃色，使人想及洋葱頭的外皮。因為它和洋葱頭有同樣精緻的組織，同樣的顏色，同樣的透明，而且它和洋葱頭一樣，用指頭摸着作沙沙之聲，早點或遲點，隨氣候的變化，完全的昆蟲就在這裏面孵化出來。

當黃蜂在窠穴中將東西儲藏好，如果我們同牠尋一次開心，就現出黃蜂的本能是如何的機械了。穴做好後，牠帶來第一個蜘蛛。牠把蜘蛛收藏起來，立時又在其身體最肥的部分產下一個卵。然後飛去作第二次旅行。乘牠不在家的時候，我從窠穴裏將死蜘蛛與卵拿走。

我們當然想到，如果牠稍有一些智慧，一定會發覺卵的失蹤的。卵雖然小，卻是放在大的蜘蛛體上的。那麼，黃蜂發現窠穴是空的，將怎樣呢？牠將明白地行動，再生一個卵以補償所失嗎？事實並非如此，牠的舉動非常不合理。

現在牠所做的事，卻是又帶來一隻蜘蛛，泰然地將牠放到窠穴裏，好像並沒有發生甚麼意外。以後又一隻一隻的帶來。牠飛走時，我都將牠們拿出，因此牠每一回遊獵回來，儲藏室總是空的。牠固執地忙了兩天，要裝滿這裝不滿的瓶，我也同樣不屈不撓地守住了兩天，將蜘蛛拿出。到第二十次的收穫物送來時，這獵人認為這罐子已經裝夠了 —— 也許因這許多次的旅行疲倦了 —— 於是很當心地將窠穴封起來，然而裏面卻完全是空的！

任何情形之下，昆蟲的智慧都是非常有限的。無論哪一種臨時發生的困難，昆蟲都是無力解決的，無論哪一種種類，同樣的不能對抗，我可以舉出一大堆的例子，證明昆蟲完全沒有

理解的能力，雖然牠們的工作卻異常的完全。經過長期的觀察經驗，使我不能不斷定牠們的勞動，既不是自動的，也不是有意識的。牠們的建築、紡織、打獵、殺害，以及麻醉牠們的捕獲物，都和消化食物，或分泌毒汁一樣，方法和目的完全不自知。所以我相信牠們對於自己特出的才能，完全是莫明其妙。

牠們的本能不能更變。經驗不能教牠們；時間也不能使牠們的無意識有一絲覺醒。如只有單純的本能，牠們便沒有能力去應付環境。然而環境是常常變遷的，意外的事也時常會發生。唯其如此，昆蟲需要一種能力，來教導牠，使牠們知道甚麼應該接受，甚麼應該拒絕。牠需要某種指導，這種指導牠當然有的。不過智慧這個名詞似乎太精細一點，我預備叫它為辨別力（Discernment）。

昆蟲能意識到自己的行動嗎？能，也不能。假使牠的行動是由於本能，就是不能。假使牠的行動是辨別力的結果，就是能。

比方，金腰蜂用軟土建造窠穴，這就是本能，牠常常如此的建造。既不是時間，也不是生活的奮鬥，能使得牠模仿泥水匠蜜蜂用細沙水泥去建造牠的巢。

牠的這個泥巢必須建在一種隱避處以抵抗雨。最初，大概石頭下面可藏匿的處所就認為滿意了。但是有更好的，牠又去佔據下來，牠遂搬到人家的屋子裏。這就是辨別力。

牠用蜘蛛做子女的食物，這是本能。沒有方法能使牠知道小蟋蟀也是一樣的好。不過，假使，有交叉白點的蜘蛛缺少了，牠也不肯叫牠的子女捱餓，就給別種蜘蛛牠們吃。這就是辨別力。

在這種辨別力之下，隱伏了昆蟲將來進步的可能性。

牠的來源

金腰蜂留給我們另一個問題。牠找尋我們的火爐的熱。因為牠的巢用軟土建築的，會被潮濕弄成泥漿，必須有一乾燥的隱避處，熱也是必要的。

牠是不是一個僑民？或許牠是從亞非利加的海邊遷來的？從有棗、椰子樹的陸地來到種植洋橄樹的陸地的嗎？如果這樣，自然牠就覺得我們這裏的太陽不夠暖，須找尋火爐的人工暖了。這就可以解釋牠的習性為甚麼和別種黃蜂類如此不同，這種蜂都是避人的。

在牠未到我們這裏做客以前，牠的生活怎麼樣呢？在沒有房屋以前，牠住在甚麼地方？沒有煙筒的時候，牠把蟎蛑藏匿在哪裏呢？

也許，當古代近西里南山上的居民用燧石做武器，剝羊皮做衣，用樹枝和泥土造屋的時候，這些屋子也已經老早有金腰蜂的足跡了。也許牠們的巢就築在破盆裏，那是我們的祖先用手指取黏土做成的，或在狼皮及熊皮做的衣服褶縫裏。我很奇怪，當牠們在用樹枝和黏土造成的糙壁上做巢的時候，牠們是否揀選靠近煙筒的地點的呢？這雖和我們現在的煙筒大不同，但不得已時也可應用！

假使金腰蜂那時確與最古的人民同居在這裏，那麼牠見到的進步就真不小了。牠得到文明的利益也真正不少：牠已將人類增進的幸福變成自己的。當想出房屋的屋頂鋪上天花板的法子，發明煙突加上管子後，我們可以想像到這個怕冷的動物是在對自己說：

"這是如何適意啊！讓我們在這裏撐開篷帳吧。"

但是我們還要追究得更遠。在小屋沒有以前，在壁龕還不常見以前，在人類沒有出現以前，金腰蜂在哪裏造屋呢！這問

題當然不是單獨的。燕子與麻雀，在沒有窗子與煙突以前，在哪裏做巢的呢？

燕子、麻雀、金腰蜂是在人類以前就有了的，牠們的工業不能依靠人類的勞作。這裏還沒有人類的時候，牠們各個必已有了建築的技術。

三四十年來，我都常問我自己，在這個時候，金腰蜂住在哪裏？在我們屋子外面，我找不到牠們窠巢的痕跡。最後，耐心研究的結果，一個幫助我的機會來了。

西里南的採石場上，有很多碎石子和很多的廢物，堆積在那裏已有幾世紀之久。田鼠在那裏咬嚼果子，有時輪到蝸牛，空的蝸牛殼，石下到處皆是，各種蜜蜂和黃蜂在牠們的空殼裏做窠。我搜尋這一些寶藏的時候，有三次在亂石堆中發現了金腰蜂的巢。

這三個窠與我們屋子裏發現的完全一樣。材料當然是泥土，而用以保護的外殼，也是相同的泥土，這地點的危險並沒有促使此種建築家稍稍進步。我們有時 —— 不過很少 —— 看到金腰蜂的巢築在石堆裏和不靠着地的平滑石頭下面。在牠們未侵入我們的屋子以前，牠們的巢一定做在這類的地方的。

然而這三個巢的形狀很悽慘，濕氣已將它們侵壞，繭子也弄得粉碎。四圍無厚土保護，螃蟖已經犧牲了。—— 已給田鼠或別的動物吃去。

這個荒廢的景象，使我驚疑到我鄰居的屋外，是否真能為金腰蜂建巢的適當地點。事實很明顯，母蜂不肯這樣做，並且也不致被驅逐到這樣絕望的地步。同時，如氣候使牠不能從事牠祖先的生活，那麼，我想我們可以斷言牠確是一個僑民。的確如此，牠是從炎熱而乾燥的地方來的，在那裏雨也不多，雪簡直是沒有的。

我相信金腰蜂是從非洲來的。很久以前，牠經過西班牙和

意大利到我們這裏來，牠不會越過洋橄樹地帶再北去。牠是非洲籍，現在歸化了布羅溫司。在非洲，據説牠是常造巢在石頭下面的；在馬來羣島，聽説也有牠們的同族住在屋子裏。從世界這一邊到世界的那一邊，牠的嗜好都是一樣的 —— 蜘蛛、泥巢、人類的屋頂。假使我在馬來羣島，我一定要翻開亂石頭，很高興地在一塊平滑的石頭下，發現牠的巢原來的位置呢。

黃蜂

牠們的聰明和愚笨

在九月裏的一天，我同我的小兒子保羅跑出去，想看看黃蜂的巢；他有敏銳的眼光與集中的注意力，可以幫助我。我們很有興趣地看着小徑的旁邊。

忽然保羅叫起來了："一個黃蜂的巢，一個黃蜂的巢，比甚麼都要清楚呢！"因為在二十碼以外，他看見一種運動得很快的東西，一個個的從地上起來，立即飛去，好像草裏面有小的火山口將它們噴出來一般。

我們小心謹慎地跑近那個地點，恐怕引起這些兇勇的動物注意。在牠們住所的門邊，有一個圓的裂口，大小可容人的拇指，同居者來來去去，肩踵相接的向反方向飛。咘！的一聲，我不覺一驚，如果我們太靠近去觀察牠們，就會刺激這些容易發怒的戰士來攻擊我們。當我想到這個不安全因素的時候，不敢再多觀察了，多觀察就可能導致犧牲太多。我們記好了那個地點，日暮再來。那個時候，這個巢裏的居住者，應當全體都由野外回家了。

一個人要征服黃蜂的巢，如其舉動沒有相當的審慎，簡直是冒險的事情。半品脫的石油，九寸長的空蘆管，一塊相當堅實的黏土，這些就是我的武器，經過從前幾回稍稍成功的試驗，這些東西，我認為最好而且最簡單的。

窒息的方法是必要的，除非我用我所不能忍受的犧牲的方法。當累奧睦耳（Réaumut）要將一個活的黃蜂的窠放在玻璃

匣子內，觀察裏面同居者的習性時，他僱用了一個幫手。這人常常做這種痛苦的職業，為了優厚的報酬，情願犧牲他的皮膚來給科學家服務。但是我採用這方法，要犧牲的是我自己的皮膚。在沒有掘起我所要的蜂窠以前，我反覆想了兩次。於是我就開始採用窒悶窠裏的居民的辦法。因為死的黃蜂不能刺人。這雖是個殘忍的方法，但十分安全。

　　我用石油，它的作用不過於猛烈，並且因為要想作一回觀察，所以我希望留下一部分不死的。問題只是如何將石油倒到有蜂窠的穴裏去。出入的孔道約有九寸長，差不多和地面成平行，通到地下的窠巢。假如將石油直倒在隧道的口上，就是一個大錯誤，而且將有極嚴重的後果。因為這樣少量的石油，會被泥土吸進去，不能達到窠裏；第二天，當我們以為掘鑿一定很安全的時候，我們就要碰到一羣火上加油的黃蜂在我們鐵鏟底下。

　　蘆管可以阻止這個不測事件的發生。蘆管插進這個隧道的時候，就形成一根自來水管，讓石油流進土穴，非常之快，一滴也不漏掉。於是我們將一塊捏好的泥土，塞進出入的孔道內，像瓶塞子一樣。之後我們便沒有事可做了，只有等着。

　　當我們準備進行這項工作的時候，是昏黃月夜的九點鐘，保羅同我一齊出去，帶了一盞燈，並一籃這類器具。當時農家的犬在遠遠地互相吠着，貓頭鷹在洋橄欖樹的高枝上叫着，蟋蟀在叢草中不停地奏着調和的音樂，保羅與我則在談着昆蟲，他熱心地學習，問我好多問題，我也告訴他我所曉得的一些。這樣快樂的獵取黃蜂的夜，使我們忘掉睡覺，及被黃蜂刺着時候的痛苦。

　　將蘆管插入土穴內是一件頂精巧的事情。因為孔道的方向是不曉得的，須費一些猜疑，而且有時黃蜂防衛室裏的守兵會飛出來，攻擊做這種工作的人的手。為了阻止這件事情發生，

我們當中的一個，需要做守衛的工作，用手帕驅逐敵人。即使最後有一個人的手上隆起了一塊，就是很痛，也是一個不很大的理想的代價。

石油流到土穴裏時，我們聽到地下羣眾中有驚人的喧嘩聲。於是很快的，我們便把門用濕泥關閉起來，一次一次地踏，使封口堅固。現在沒有其他的事情可以做了。我們就回去睡覺。

清晨我們帶了一把鋤頭和一個鏟，重新回到這個地方。早一點去，比較好些，因為恐怕有許多黃蜂夜裏在外面，會在我們掘土的時候回家，清晨的冷氣可以減少牠們的兇惡。

在孔道之前，——蘆管還插在那裏，——我們掘了一條壕溝，闊度可以容我們工作方便。於是在溝道旁邊很當心地，把土一片一片地鏟去，後來，差不多有二十寸深，蜂窠露出來了；吊在土穴的屋脊當中，一點沒有損壞。

這真是一個壯麗的建築呢！其大有如大的南瓜。除掉頂上一部分之外，各方面都懸空的。頂上有很多的根，多數是茅草根，透進很深的牆壁內，和蜂窠結住得很堅固。如果那裏的土地是軟的，它的形狀就成圓形，各部分都同樣的堅固；在沙礫地方，黃蜂掘鑿時遇到阻礙，形狀至少就要不整齊一些。

窠和地下室的旁邊，常留着手掌闊的一塊空隙，這塊面積是寬闊的街道，建築者可以在這裏行動無阻，繼續不停地工作，使牠們的窠更大更堅固；通往外面的孔道，也通連到這裏。蜂窠的下面，有一塊更大的空隙，圓形，如一個大盆，可以使蜂窠造添新房時增大體積，這個空穴，同時也是盛廢物的垃圾箱。

這個地穴是黃蜂自己掘的。關於這個，可以用不着懷疑：因為這樣大而整齊的洞沒有現成的。當初開闢這個窠的蜂，也許利用鼴鼠所做的穴，以圖開始建築的便利；可是大部分的工

作卻是黃蜂所做的。然而並沒有一些泥土堆在門外面。這些泥土搬運到哪裏去了呢？

牠已經拋散在不令人注意的廣大的野外了。成千成萬的黃蜂掘這個地穴，遇必要時將它開大。牠們飛到外面來的時候，每一個都帶着一粒土屑，拋在離開窠巢很遠的各處地上去，所以泥土的痕跡一點也看不到了。

黃蜂的窠是用一種薄而軟韌的材料做的，那是木頭的碎粒，很像棕色的紙。上有一條條的帶，顏色視所用的木頭而不同。如果是整張"紙"做的，就可以稍稍抵禦寒冷。但是黃蜂像做氣球的人一樣，知道溫度可以利用各層外殼中所含的空氣保持。所以牠將紙窠做成闊的鱗片狀，一片片鬆鬆地鋪上，有很多的層數。全部形成一種粗的毛毯，厚而多孔，內含大量的空氣。這層外殼裏的溫度，在熱天一定是很高的。

大黃蜂 —— 黃蜂的領袖，—— 在同樣的原則之下，建築牠的窠。在楊柳的樹孔中，或在空的殼倉裏，牠用木頭的碎片，做成脆弱的黃色紙板，牠利用這種材料包裹牠的窠，一層層互相疊起來，像闊大凸起的鱗片。中間有寬闊的空隙，空氣在裏邊停止不動。

黃蜂的動作常常與物理學和幾何學的定理相吻合。牠利用空氣這種不良導體，以保持牠家裏的溫暖。牠在人類未曾想到做毛毯以前已經做了：牠建築窠巢的外牆，只要頂小的外圍，就可以造下很多的房間；牠的小室也是一樣的，面積與材料都很經濟。

然而，雖則這些建築家有如許的聰明，但也使我們奇怪，當牠們遇到最小的困難時，竟又很愚笨。一方面，牠們的本能教牠們如科學家一般的動作；而另一方面，很顯然，牠們完全沒有反省的能力。關於這個事實，我已用各種試驗證明了。

黃蜂碰巧將房子安置在我花園的路旁，於是我可以用一個

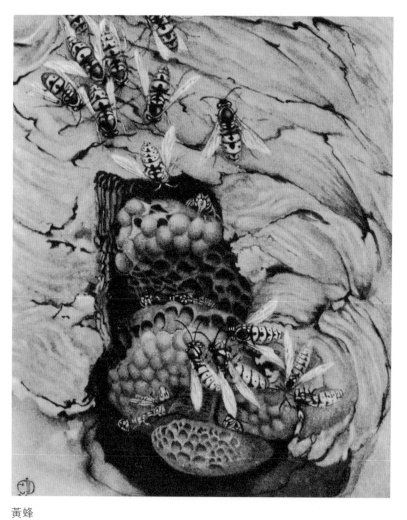

黄蜂

玻璃罩來試驗。在原野裏，我不能用這種器具，因為鄉下的小孩子立刻就會打破它。有一晚上，天黑了，黃蜂已回家，我弄平泥土，放一個玻璃罩罩住洞口，我想了解第二天早晨當黃蜂開始工作，發覺牠們的飛行被阻止時是否能在玻璃罩的邊下做出一條通路呢？是不是這些能夠掘廣大穴洞的剛強的動物，知道造一條很短的地道就可放牠們自由呢？這就是問題之所在了。

第二天早晨，明亮的陽光落在玻璃罩上了，這些工作者成羣地由地下上來，急欲出去找尋食物。牠們撞在透明的牆壁上跌落下來，重新又上去，成羣地團團飛轉。有些舞跳得疲倦了，暴躁地亂走，然後重新回到住宅裏去了。有些當太陽更熱的時候，代替前者來亂撞。但是沒有一個，會得伸足到玻璃罩四周的邊沿下去爬抓，分明牠們是不知如何設法逃脫的。

這個時候，少數在外面過夜的黃蜂，從原野裏回來。圍繞着玻璃罩飛舞，最後一再遲疑，有一個決定往罩下邊去掘。別個也學牠的樣，一條通路很容易地開出來，牠們就跑進去。於是我用土將這條路塞住。假使從裏面能看出這條狹路，當然可以幫助黃蜂逃走的，我很願意讓這些囚徒爭得自由的光榮。

無論黃蜂的理解力如何薄弱，我想牠們的逃走，現在是可能的了。那些剛剛進去的當然會指示路徑；牠們會教別的向玻璃牆下去掘的。

我非常失望。一點從經驗和實例上來學習的表示都沒有。在玻璃罩裏，並沒有要掘地道的企圖。這些昆蟲羣眾只是團團亂飛，並沒有甚麼計劃。牠們只是亂撞，每天都有很多死於飢餓和炎熱之下。一星期後沒有一個活剩下來。一堆屍首鋪在地面上。

從原野裏回來的黃蜂可以找到進去的路，是因為從土壤外面嗅知牠們的家，和去找尋它，這是牠們自然本能的一種，

——牠們的一種防禦方法。這是不需要思想和理解的，自從黃蜂初次來到世界上時，地上的阻礙對於每個黃蜂都很熟悉了。

但是那些在玻璃罩裏面的黃蜂，就沒有這種本能幫助牠們了。牠們的目的是想到日光裏來，在牠們透明的牢獄中，看到日光，牠們就以為目的已達到。雖然牠們繼續不已地和玻璃罩相衝撞，想朝着日光，飛得更遠一點，但是無效。在過去並沒有一些經驗能教牠們怎麼做。牠們只能盲目地牢守着老習性而死亡。

牠們的幾種習性

假使我們揭開蜂窠的厚包，我們可以看到裏面有許多蜂房，即好幾層小室，上下排列，用堅固的柱子連繫在一起，層數沒有一定。在一季之末，大概是十層，或者更多一點，小室的口都向下。在這種奇怪的世界裏，幼蜂都頭向下生長、睡眠及飲食。

這一層層的樓即蜂房層，有闊大的空間把它們分開；在外殼與蜂房之間有一門路，和各部分相通。常常有許多看護來來去去，管理窠中的蟎蟲。在外殼的一邊，就是這個都市的大門，一個未經修飾的裂口，隱在包被的薄鱗片中。直對着這門的，就是從地穴通到外面廣大世界的隧道的進出口。

在黃蜂的社會裏，有許許多多的蜂，牠們的生命完全消磨在工作上。牠們的職務是當成員增加時，擴大蜂窠；雖然牠們沒有自己的蟎蟲，牠們看護窠內的蟎蟲卻極小心勤勉，為了觀察牠們的工作，及了解將近冬天時會有甚麼事情發生，我在十月裏將少許窠的小片，放在蓋子底下，裏面有很多的卵和蟎蟲，並且有一百個以上的工蜂在看護牠們。

為了方便觀察，我將蜂房分開，將小室的口向着上面，並

排放着。這樣顛倒的排列，看起來並沒有使我的囚徒煩惱，牠們不久就從被擾亂的情形下恢復原來的狀態，重新開始工作，好像並沒有甚麼事情發生一樣。事實上，牠們當然需要建築一點東西，所以我給牠們一塊軟木頭；並用蜜飼養牠們。我用一個鐵絲蓋着的大泥鍋，代替藏蜂窠的土穴。蓋上一個可以移動的紙板做的圓頂形東西，使內部相當的黑暗，我要它亮時，便把它移開。

黃蜂繼續工作，好像並未受任何擾亂。工蜂一面照顧蠐螬，一面照顧房子。牠們開始豎起一道牆，圍繞着最密的蜂房，看來牠們像是想重新建造一個新的外殼，代替被我用鐵鏈毀掉了的舊的。但是牠們並不是簡單的修補，而是從我毀壞了的地方起開始工作。牠們做起一個弧形的紙鱗片的屋頂遮蓋起三分之一的蜂房，如果窠不曾碰壞，這可以連接到外殼的。牠們做成的幕，只能蓋住小室的一部分。

至於我替牠們預備下的木頭，牠們碰都不去碰一下。這種原料，大概用起來很麻煩，牠們寧願用不用了的舊窠。在這些舊小窠內，纖維是已經做好了的，並且只要用少許唾液，用大腮嚼幾下，便變成上等質地的漿糊。將不居住的小室搗得粉碎，用這種碎物，做成一種天篷。如果有所需要，也可用這種方法，做成新室。

比這種屋頂工作更有趣味的，是牠們餵養蠐螬。看到粗暴的戰士，會變成溫和的看護婦，誰也不會厭倦的。兵營變成育嬰堂了。餵養蠐螬是如何的當心啊！假使我們仔細觀察一個忙碌的黃蜂，我們可以看見牠嗉囊裏裝滿了蜜，停在一個小室的前面，很有思想的樣子。牠將頭伸在洞口裏，用觸鬚的尖去觸蠐螬。蠐螬醒來了，向牠張開口，很像一個初生羽毛的小鳥，向着牠剛剛帶回食物的母親索食一般。

一會兒這個醒來的小蠐螬，將頭搖來搖去，想探到食物；

牠是盲目的，試探着帶來的食物。兩張嘴碰到了，一滴漿汁從看護婦的嘴裏，流到被看護者的嘴裏。這一點點就夠了。現在又輪到第二個黃蜂嬰兒。看護婦又向別處去繼續牠的責任。

後來，蠐螬在牠自己的頸根上舐吮。因為當餵食的時候，牠的胸部暫時膨脹，其功能如涎布，從嘴裏流出來的東西都落在這上面。大部分的食物咽下之後。蠐螬遂舐起落在涎布上的食屑，然後膨脹消失了；蠐螬就稍稍朝窠裏縮進一點，又回復牠甜蜜的睡眠。

當黃蜂的蠐螬，在我的籠子裏餵養時，頭是朝上的，從牠嘴裏漏出來的東西，當然會落在涎布上面。至於在窠裏餵養時，牠們的頭是朝下的。可是我並不懷疑，就是在這種位置之下，涎布也作同樣的用處。

因為蠐螬將頭略彎，口裏滿出的一部分東西很可能積在突出的涎布上；而且漿汁很黏，就黏在這裏。同時看護婦放下一部分食品在這個地方，也是十分可能的。不管涎布在嘴的上面，或在嘴的下面，不管頭是朝上或者朝下，涎布都能盡其功用，因為食品是有黏性的。這確是一個臨時的碟子，可以減少餵食工作的困難，而且可以使蠐螬安逸地吃，不致吃得太飽。

在野外，當一年之末，果品很少的時候，多數的黃蜂用切碎的蠅餵蠐螬，但在我的籠子裏，別樣東西一概不用，單單給牠們蜜。看護者和被看護者似乎吃了這項食物都很昌盛，而且假如有不速之客闖近蜂房，立刻就被處死刑。黃蜂分明是不厚待賓客的。就是拖足蜂，形狀和顏色和黃蜂極相像的，如果走近黃蜂吃的蜜，也立刻就會被發覺，羣起而攻之。牠的外貌並不能欺瞞牠們，如果不急速退避，就會被殘酷地處死的。所以跑進黃蜂的窠，實在不是一回好事情，即使客人的外表與牠們相同，工作與牠們相同，差不多是團體中的一份子，都不行。

一而再，再而三的，我看到過牠們對客人的野蠻待遇。假

黃
蜂

使客人是有相當利害的或重要的，牠被刺殺後，屍身被拖到窠外，拋棄在下面的垃圾裏。但那毒的短劍似乎並不輕易使用。假使我將一個鋸蠅的蟒蟲拋到黃蜂羣裏，牠們對於這條綠黑色的龍，表示很大的好奇；牠們勇敢地咬牠，將牠弄傷，但是並不用針刺牠。牠們拖牠出去，這條龍也反抗，用牠的鉤子鉤住蜂房，有時用牠的前足，有時用牠的後足。到底，這條龍因傷而軟弱，被拉下來，一身的血跡，被攔到垃圾堆上去。驅逐這條龍，費了兩鐘點的時間。

相反的，如果我放一個住在櫻桃樹孔裏的一種魁偉的蟒蟲在蜂窠裏，五六隻黃蜂立刻用針來刺牠。幾分鐘以後，牠就死了。但是這具笨重的屍體，很難搬到窠外去。所以黃蜂發現不能移動牠，就開始吃牠，或者，至少要減輕牠的重量，直吃到剩餘下來的，可以拖到牆外為止。

牠們悲慘的結果

有如此殘酷的方法防禦闖入者的侵入，如此巧妙的餵蜜，我籠子裏的蟒蟲因之大大的盛旺。但是當然也有例外。黃蜂的窠巢裏也有柔弱的蟒蟲在未長成以前夭折了。

我看見那些柔弱的病者不能吃食，慢慢地憔悴下去。看護者已經更清楚地知道了。牠們把頭彎下來朝着病者，用觸鬚去試聽，並且證明不可醫治了。後來這個動物到要死的程度時，被無情地從小室裏拖出窠外去。在野蠻的黃蜂社會裏，久病者僅是一塊無用的垃圾，愈快拿出去愈好，因為怕傳染。但這還

不是頂壞的。因為冬天漸漸近來了，黃蜂已經預知牠們的命運。牠們知道末日就在眼前。

十一月裏寒冷的夜，就使蜂窠內起了變化，建築的熱心減退了，來到儲蜜地方的也不很頻繁了。家庭的職任也放弛了，蟎蟶因飢餓張着嘴，只有很遲慢的救濟，或者竟置諸不顧。深深的悵惘抓住了看護者的心。牠們從前的熱誠由冷淡而成為厭惡。生存不久就要不可能了，仍然繼續看護有甚麼好處呢？飢餓的時候就要來了；蟎蟶總不免悲慘的死。所以溫和的看護婦一變而為兇惡的劊子手了。

牠們對自己說："我們不必留下孤兒來，我們去了以後，沒有誰來照顧牠們。讓我們把卵與蟎蟶統統殺死。一個暴烈的結束比慢慢的餓死要好得多。"

接着就是一場屠殺。咬住了蟎蟶項頸的後面，殘暴地從小室裏拖下來，拉出窠外，拋到外面土穴底下的垃圾堆裏。這些看護婦即工蜂把蟎蟶從小室裏拖出來時，情形之殘酷好像牠們是外來的生客，或者已死的屍體。工蜂將牠們蠻暴地拖出，扯碎。卵則被撕開吃掉。

此後，這些看護婦自身，即劊子手，無生氣地留着殘餘的生命。一天一天地，我帶着驚奇注視我的昆蟲最後的結局。不意這些工蜂忽然死了。牠們來到上面，跌倒仰臥着，不復再起來，如觸了電一般。牠們有牠們的時代；牠們被時間這個無情的毒藥毒死。就是一個鐘錶的機器，當牠的發條放開到最後一圈時，也是要如此的。

工蜂是老了！然而母蜂是窠中最遲生出來的，有着青年的強壯。所以當嚴冬來威迫牠們時，牠們還能夠抵抗。那些末日已近的，很容易從牠們外表的病態上分辨出來。牠們的背上有塵土沾染着。健壯時，牠們不絕地拂拭，黑色和黃色的外衣拭得十分光亮的。那些病者，就不注意清潔了；牠們停在太陽光

昆蟲記

黃
蜂

下不動，或者很遲緩地徘徊。牠們已不復拭牠們的衣裳了。

這種不注意裝束，就是不好的預兆。兩三天之後，這個沾有塵土的動物，便最後一次離窠。牠跑出來，享受一點日光；忽然滑跌在地上動也不動，不再爬起來了。牠避免死在牠所愛的紙窠裏，因為黃蜂的法律規定，那裏是要絕對清潔的。這個臨終的黃蜂自行牠的葬禮，把自己跌落在土穴下面的坑內。因為衛生的理由，這些苦行主義者，不肯死在蜂房中間的住房裏。至於餘剩下來未死的，仍保留這種習慣到最後的結局，這是一種不會被廢棄的法律，無論人口如何減少，總是保持的。

我的籠子裏一天天空起來了，雖然屋子是溫和的，並且有着蜜，壯健者來吃的。到了聖誕節時，只剩了一打的雌蜂。到了一月六日，最後餘剩的也死掉了。

從哪裏來的這種死亡，使我的黃蜂統統倒斃？牠沒有受餓；也沒有受凍；更沒有離家的痛苦。那麼牠們為甚麼而死的呢？

我們不要歸辜於囚禁，在野外也發生同樣的事情的。十二月末，我曾視察過很多的蜂窠，都有這種情形。大量的黃蜂必須死亡，並不是碰到意外，也不是因疾病，也不是因氣候的摧殘，而是因為一種不可逃避的命運，這種命運摧殘牠們也和要牠們生活的一樣有力。不過這樣子，對於我們人類倒是很好的。一隻母黃蜂可以造下一個三萬居民的城市。如果全體都生存下來，將會是一種災禍！牠們將要在野外稱王施虐了。

到後來，窠自會毀滅的。一種將來變成形狀平庸之蛾的毛蟲、一種帶赤色的小甲蟲、和一種着鱗狀金絲絨外衣的蟎蟲，都是毀壞蜂窠的動物。牠們咬碎一層層小窠的地板，使整個住宅崩壞。只有幾握塵土，幾片棕色紙片留着，到春天回來，仍造起黃蜂的城市，住着三萬的居民。

蝗蟲

牠們的價值

"孩子們，明天早晨太陽還不很熱的時候，準備着，我們要去捕蝗蟲。"

晚上的這個宣告，使全家都陷入興奮之中。我的小助手們在夢中將要看見甚麼呢？藍翅膀，紅翅膀，忽然展開像扇地飛起來；長而有鋸齒的腿，漆綠色，或者淡紅色，當我們抓住它們時，就踢開來；粗大的脛部好像彈簧似地使昆蟲能向前跳去，如弩箭般射出去。

如果有一種平靜而安全的打獵，老的幼的都能去做的，那麼就是獵蝗蟲了。這是如何的一個美麗的清晨啊！桑樹果子已經熟了，從林葉中摘取下來，是如何的快樂啊！我們作過怎樣的旅行呢，斜坡上披着薄薄的堅韌的小草，給太陽曬黃了！我對這樣的早晨，依然還有着鮮活的記憶，我的孩子當也是有的。

小保羅有輕健的足，熟練的手，銳利的眼睛。他搜索永久常在的叢林，窺視各處的草叢。忽然一個大的灰色蝗蟲像小鳥般飛起來。這獵人極力地進去，後來只好又停下來，看看這隻燕子遠遠地飛走，他還要找尋別的。不得到一些美麗的收穫物，我們是不回去的。

瑪理保玲比她的哥哥小些，靜心注意看着意大利蝗蟲，那是有粉紅的翼和紅色的後足的；不過她實際想要得着另一個，那是牠們中最漂亮的，她的獵物的背上橫着一種聖安德魯式的

十字，顯著地標着四條白色而傾斜的條紋。牠身上有銅綠顏色的紋路。她的手舉在空中，預備攫下，她輕輕地走近，慢慢地彎下腰去。呼嚧一聲，被捉住了。這個寶貝很快地被我們將頭先放進一隻紙筒裏，然後就一跳跳到底下去。

一個一個的，我們的盒子裝滿了。在太陽並沒有熱得太難受之前，我們已經得了許多標本，牠們被關在籠子裏，大概要教我們一些東西。無論如何，蝗蟲所捉到的數目，總能使三個人滿意，因為花費的時間不多。

我曉得，蝗蟲有一種很壞的名聲。教科書上說牠們是有害的。我卻有些懷疑，牠們是否應受這種批評，不過使非洲和東方成災的蝗蟲，當然不在此例！牠們的壞名聲既被加在所有的蝗蟲身上，雖然我覺得牠們的益處比害處多。據我所曉得，我們這裏的農民，從來沒有埋怨過牠們。牠們做過甚麼壞事呢？

牠們吃草都吃別種昆蟲不要吃的硬草尖；牠們寧愛瘠薄的草地，倒不愛肥沃的牧場；牠們住在別種動物不能生活的荒地上。牠們所吃的食物，別的動物的胃都不能消化的。

此外，有時候牠們來到麥田內，綠的麥子已經老早被收割，沒有了。如果牠們偶然來到菜園內，吃了幾口，這也不能算罪惡。菜蔬被咬去一兩張葉子，人是可以不必介懷的。

以個人自己田園的範圍來測量事情的重要性，是個可怕的方法。短見的人寧願顛倒宇宙的秩序，不願犧牲少許的果子。如果他一想及昆蟲，就要去殺掉牠。

不過，試想想看，如果全體的蝗蟲一齊被殺掉了，其結果將怎麼樣。九十月之間，孩童用兩根蘆柴，將吐綬雞驅到已經收割過的麥田內。這片廣場上是光光的，乾燥的，被太陽曬着，最多只有幾株襤褸的薊抬着頭。在這種無可為食的荒野中，這些鳥類做甚麼事呢？牠們自己找食吃；到聖誕節時能很體面的放在筵席上，牠們很肥；肉很壯實而好吃。敢問，牠們

吃的是甚麼呢？蝗蟲。牠們這裏那裏地啄食牠們，直到牠們的膆囊裏裝滿了。這種美味的食品，一點不花費錢的，然而這些食品都可大大的改良聖誕節的吐綬雞。

當珠雞在田野間徘徊，發出摩刮似的叫聲時，牠在找尋甚麼呢？植物的種子當然無可疑；然而超過一切之上的，是蝗蟲，吃了使牠翅膀下面生脂肪，並使牠的肉風味更好。雞也是喜歡牠們的，這對於我們的益處更大了。牠很知道這種美味的食物的好處，其功用如補品，能使牠生更多的蛋。在籠外散步時，牠一定不會忘記，將牠的子女們帶到麥已刈去的田裏，好學習啄食這種美味的食物。事實上，任何家禽都知蝗蟲是牠們食物中可貴的補品。

對於家禽之外的鳥類，蝗蟲也是非常重要的。狩獵的人獵到了紅腿的山雞，——我們南部山上的名產——即須剖開牠的膆囊。十次中有九次可以看到多少總裝着蝗蟲，牠酷喜蝗蟲，只要能找得到，寧願不吃植物的種子。如果一年到頭都有蝗蟲，那麼這種美味而營養的食物差不多可以使牠忘記掉植物的種子了。

很好吃的麥穗鳥對於各種食物，也是寧願選擇蝗蟲的。秋天來時，經過這裏的小鳥，在布羅溫司暫息，先用蝗蟲吃肥了自己，作旅行的準備，然後再長途飛行。

同時人類也不鄙視牠們。一個阿拉伯的著作家寫道：

"蚱蜢——他的意思是指蝗蟲——是人類和駱駝的好營養品。將牠們的爪、翅膀、頭拿掉，鮮吃或乾吃，炒吃或煮吃，同時也可和着肉、麥粉及菜蔬吃。

……駱駝吃蝗蟲的食量很大，將牠們堆在兩層炭的孔中，焦乾來給駱駝吃。努比亞人也是這樣的吃蝗蟲。

有一次，有人問奧瑪（Omar）王，吃蚱蜢是不是合法的，他回答道：'我假使有一籃子蝗蟲吃就好了。'

昆蟲記

蝗蟲

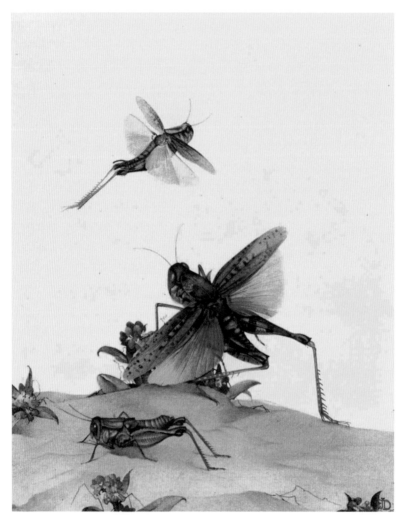

意大利蝗蟲

因此，從這種證據上，這已很確實，由上帝的恩典，蚱蜢是給人類作營養品的。"

用不着像阿拉伯人想得那麼遠，我覺得蝗蟲是上帝賜給多數鳥類的。爬行動物也把牠們看得很寶貴。我曾在蜥蜴的胃裏看到過有蝗蟲，而且常常捉到正在搬運蝗蟲的灰蜥蜴。

甚至魚類也吃蝗蟲，只要有好運氣將牠帶給牠們。蝗蟲盲目地跳，毫無目的，被腿一彈，牠就落下去，假使下面是有水的，魚就立刻吞牠下去。漁翁的鈎上，有時用很能行動的蝗蟲做餌。

至於牠是人類適當的營養品，除卻已變成吐綬雞和山雞的肉，我則不免懷疑。奧瑪王毀棄亞力山大的文庫，希望有一籃子蝗蟲，這是確實的，但他的胃口分明比他的頭腦更好。在他的時代很遠以前，教徒聖約翰在荒地上靠蝗蟲和野蜜蜂為生；但在他的情形之下，是不應吃牠們的，因為牠們是好的。

泥水匠蜂壺裏的野蜜是很可口的食品，這是我知道的，為了要嚐嚐蝗蟲的味道，有一次我也捉來一些，依照阿拉伯著作家所說的方法烹煮。我們大大小小都在吃飯時嚐一嚐這種異饌。這比亞里士多德讚美的蟬要好得多。我應更進一步說蝗蟲味道是很好，不過不想多吃。

牠們的音樂才能

蝗蟲有音樂才能，用來表示牠的快樂。休息下來，慢慢消化牠的食物，及享受日光時，牠急速地把弓振動，重複三次或四次，休息一下，牠奏着牠的音調。牠用後面的大腿，抓着牠的體側，有時用這一個，有時用那一個，有時兩個一齊用。

結果很可憐，音聲的微弱，使我不得不利用小保羅的銳利的耳朵，來確定是否有聲音。聲音好像是這樣的，好像一根針

尖劃在一張紙上發出軋軋聲。這就是牠們的全部歌聲，簡直和靜默差不多。

從蝗蟲發育十分不完全的器具上，我們不能指望牠發出更響的聲音，牠沒有像蟋蟀那樣的有齒的弓和響板、翼鞘下面的邊沿，以及用大腿來磨擦，雖然牠的翼鞘和大腿很有力，但沒一些粗糙的地方可供磨擦，也沒有齒的痕跡。

這種毫無藝術性可言的企圖，當然不會比你磨擦乾膜發出更大的聲音。為了這點小結果，牠就急速地把大腿舉起放低，並且表現出非常的滿意。牠磨擦身體兩旁的舉動，確像我們高興時磨擦手掌，並沒有要發聲的意思。那是牠表示生存之快樂的一種特別方法。

當天上佈着雲，太陽光偶爾一現的時候，觀察蝗蟲的動作吧！雲中露了一條縫。牠的大腿立刻就抓動，陽光愈熱，動作也愈加活潑。每一次的動作很短的，但是陽光繼續照着時，牠總是反覆着。天上又被烏雲遮蓋了，於是歌聲就停止；但是第二回陽光又出來，常常是短暫一現，牠又摩擦起來，從沒有一回誤過的。從這些溺愛陽光的動物裏，我們知道，這僅是快樂的表示。蝗蟲也有牠的快樂時間，當牠的滕囊裝滿了太陽的溫暖與和善的時候。

並不是所有的蝗蟲都酷好磨擦以表快樂的。

螽蟴也有一對極長的後腿，但是甚至在太陽最烈的時候牠也靜默無聲。我從沒有見過牠如一張弓般地轉動大腿；看來除掉用以跳躍以外，它不能用來做別樣事情的。

就是在暮冬時候，常常到我園裏來的灰色大蝗蟲，由於腿太長，也是啞的。但牠有一種特別的方法娛樂。晴朗的天氣，太陽很熱，我驚奇地看到牠在月季花叢裏，伸直了翼，迅速地抖動，好像準備飛行。這種動作每次能延長到一刻鐘以上。翼的抖動很文靜，雖然非常快，卻不發出一些沙沙的聲音。

另外的蝗蟲，情形比此更不如。其中有一種是步行的蝗蟲，牠是用足緩行的，常常在高山植物的花上，那些花是銀白色及玫瑰色的。牠的顏色和這些花同樣的鮮艷。山上的太陽，在高處比在低處還要清朗，照耀着牠，使牠裝飾起單純的美。牠的身體上面淡褐色，下面黃色，大腿是珊瑚紅的，後足是一種美麗的天藍色，足的前部還有一個象牙色的小踝節。雖然牠是如此漂亮的花花公子，但是牠穿的衣服太短了。

　　牠的翼鞘僅如狹片，翼也不比樹枝寬些。腰部以下，是遮蓋不着的。無論誰第一次看到牠，總以為牠是幼生，但是牠實在是發育完全的昆蟲，不過牠到死都穿這件不完全的衣服的。

　　只有這樣短小的一件背心，音樂當然不可能。大腿是有的，但沒有翼鞘，沒有給弓磨擦的邊緣。別種蝗蟲固然不能說是太閙，但這種卻完全是啞的。無論如何靈敏的耳朵，總聽不出牠們一點聲音。這種靜默的蝗蟲，一定有別的方法來表示牠的快樂。但是用甚麼方法，我卻不知道了。

　　我也不知道為甚麼牠竟沒有翅膀，用足行走，而牠的很近的同族，同樣的住在高山坡上，卻有很好的飛行工具。牠自從幼生時代即賦有的雛形的翼與翼鞘，但牠並不發展這些雛形，應用它們。牠安於用足跳，沒有更大的野心了，牠對於用足行走，已經滿足，終於是個行走的蝗蟲，但誰都會想到，牠是需要翅膀的。如其能從這一山頭，很快地飛上那一山頭，或飛過積雪的深谷，或從這塊草場飛到那塊草場的話，對於牠當然大有益處。牠的高山頂上的鄰居，有着翅膀，比牠們好得多。牠如能將捲着不用的帆從翼鞘下張開來，一定有利的，然而牠不那樣做。為甚麼呢？

　　沒有人知道為甚麼。形態上的這種眩惑，這種驚奇，這種突然的變化，引起我們的好奇心。在這種重大的問題之前，最好是抱着虛心而過去。

牠們的初期

從各方面而言，蝗蟲的母親不是富於情感的好模範。意大利蝗蟲辛苦地將自己半身埋在沙土內，在那裏產卵之後，立刻又跳走了。牠看也不看這些卵，也絲毫不想將產卵的洞遮蓋起來，只有碰巧，沙土自然地跌下來，才將洞蓋住。這完全是一種偶然的工程，沒有母親刻意的用心。

別種蝗蟲並不如此怱忽地不顧牠們的卵。例如，平常生藍黑翅膀的蝗蟲，在沙土中產卵之後，舉起後足，將一些沙土踢入洞中，很快的把它踏下去。這是件很好看的事，看着牠的長足迅速的動作，兩隻足交互的踢動，塞緊洞口。用了靈敏的踐踏，把家庭的門塞起來。藏卵的洞完全看不見了，以致於存着壞主意的動物都不能夠用眼睛找到。

尚不止此。用以築實泥土的兩條撞搥的力量是在大腿上的，大腿起落時，輕輕地磨擦着翼鞘的邊緣。由這種磨擦，發出一種微弱的聲音，和牠睡在太陽之下休息時所發出的相似。

剛產下卵的雞唱着喜悅之歌，以牠的成就通知全體鄰舍。蝗蟲用輕輕的磨擦以宣揚同樣的事情。牠說："我已埋藏未來的寶物在地下了。"

將這個巢做得安全後，牠離開這個地點，吃幾口綠葉，以恢復勞苦之後的筋力，準備再作第二次的工作。

灰色蝗蟲身體的後端有四隻短短的工具，——別的雌蝗蟲也是有的，不過大小不同——排列成對形狀如鈎形的指甲。上面一對比較長大，鈎子向上翹，下面較小的一對，鈎子向下彎。它們形成一種爪，當中稍空，像一隻湯匙。這是鶴嘴斧子，即掘鑿的工具，灰色蝗蟲用它們工作的。牠用這些工具，掘入土中，爬起一些乾土，泰然如掘軟泥一樣，看來又如掘的是軟牛油，然而牠所掘進去的，確實是強硬的土壤。

最好的產卵地方，並不是常常一找就找到。我曾見一個母親，在未找到適當的地點以前，一連穿了五個洞。到後來，這件工作完成了，牠從埋着牠半身的穴中出來的時候，我們可以看到蓋着牠的卵的是一種乳白色的泡沫，和螳螂的泡沫相像。

這種泡沫的物質，常常形成了土穴進出口上的鈕釦，或一種繩結，和土壤的灰色背影相襯着，非常耀目。它柔軟而有黏性，但硬起來很快。這個用以關門的鈕釦扣好了之後，母親就跑開去，用不着再關心牠的卵，過幾天後，再到別處去產新的卵。

有時候，這種泡沫的漿糊，並不到表面上來，只停止在下面一點，不久被土穴邊滑下來的沙土蓋住了，但是我養着的蝗蟲，那雖然隱藏了，我總能知道它的所在。它的結構是相似的，不過微細處有點分別。它的外面有一層泡沫的皮。裏面除掉泡沫和卵，沒有別樣東西。卵在下部，一個頂上一個地排着，上部只是柔弱的泡沫。這一部分，在卵孵化時很重要，我叫它為上升坑。

螳螂的奇異的卵匣，並不是母螳螂能隨意做起來的，也不是一種特別才能的結果。這是由於機械的作用，自己形成的。同樣，蝗蟲對於這件事，自己也沒有固有的本領，特別是產卵在泡沫裏的這件事。泡沫是隨卵俱來的，卵放置在中央或底面，泡沫佈在外面和頂上，都是純粹的機械作用。

有多種蝗蟲的卵匣，須要經過冬天，非到和暖的天氣，牠們是不開門的。起初土壤很鬆，經過了冬天的雨水，就固結在一起了。假使卵埋在土底二寸之下孵化，這種凝結住的土壤，即硬的天花板，怎樣弄破呢？幼生怎麼樣從下面出來呢？母親的不自覺的技術已經將這問題安排好了。

幼小的蝗蟲從卵裏出來時，牠見到在牠上面的不是沙石和硬土，卻是一條筆直的隧道，一切都不是困難。這個上升的

坑，滿裝着泡沫，很容易穿過，將幼蟲帶到土面上。剩下來的，只有約一指寬的艱巨工作要做。

大部分的行程並未用多大的筋力。雖然蝗蟲的建築是十分機械地做成的，沒有用一些智慧，但是方法確實很好的。

現在小動物要完成牠出外的工作了。離開牠的殼時，牠是帶白色的，微有紅暈。作蠕蟲樣的動作前進，牠孵化出來像幼蚱蜢一樣，臨時穿着一件外套，將牠的觸鬚及足緊緊地裹近牠的身體，所以出來很容易。和白面螽斯相同，牠將穿孔器帶在頭頸上。這裏有一種肉瘤，持續地脹縮，推開塞在面前的阻礙物，好像一個活塞。當我看到這種柔囊欲克服硬土時，我給這不幸的小動物一點幫助，將上面的一層土澆濕。

就是如此，工作也是異常的困難。這個可憐的小動物，在未開闢出一條出路之先，工作的勞苦和用頭及腰部的推動，是如何的艱難而有恆心呵！這微小動物的努力，使我們知道，到日光中來的一段旅行，實在是一次繁重的工作，大部分的幼生要死於此，除非外面有母親築下的外層隧道才行。

小昆蟲最後達到地面時，休息一會，以恢復剛才的疲勞。忽然那泡膨脹而且跳動，臨時的長衣遂裂開。破衣為後足推下去，最後被扯掉。這件事做完，牠就解放出來了，顏色還是很淡的，但已具有幼生的形態。

後足遂立刻伸直，放成正當的位置。把腿摺在大腿之下，這隻彈簧準備工作了。牠工作了，小蝗蟲初到世界上來，開始作第一次的跳，我給牠指甲大的一片萵苣葉，牠不吃。牠必須先在陽光下長大，才開始飲食呢！

牠們最後的變化

現在我正看着一個奇怪的景象，即蝗蟲最後的變化，發育

完全的昆蟲從幼生的殼裏跑出來。這個過程非常好看。最能激發我興趣的，是灰色的蝗蟲，在九月中葡萄成熟的時候，葡萄樹上有很多這種蝗蟲。因牠的體積，—— 同我手指一般長—— 比較大，所以比同類的別種蝗蟲容易看得清楚些。下面這件脫殼的事是在我的籠子裏發生的。

　　肥壯而不美觀的幼生，是成長中的昆蟲的大概的模型，通常是淡綠色的；但是有些是藍綠色、污黃色、紅棕色，有些甚至灰色，和成蟲的灰色差不多。有和成熟時期一樣有力的後足，有一大腿，帶着紅色條紋，一段長的足脛，形狀如雙邊的鋸子。

　　這時候，翼鞘還是兩根短小的三角形的小翅膀，游離的一端豎起如尖的屋頂。兩條大花的垂尾，呈好像是剪得過於短的形狀，蓋着蝗蟲背上裸露的一小部分，並且隱藏兩條薄薄的小片，即翼的萌芽。總之，不久將來的可貴的飛行工具，現在還是短小的碎布塊，樣子十分稀奇古怪。從這些難看的包裹，就要生出文雅的奇物呢！

　　第一件要做的事，是脫去舊衣服，沿着牠的胸部有一條線，比其他的各部分皮膚要柔弱。可以從外面看得出血的流動，在裏面跳動，交互起落，那皮膨脹起來，直到最後從抵抗力薄弱的線上破裂，裂開的時候，分作相等的兩半，好像從前原是銲起來的一樣。這條裂口向後延長，直至着生翼的地方的中間；向前裂開至頭部生觸鬚處，然後裂縫向左右分開。

　　從這種破裂裏，可以看到背部很柔軟，色很淡，很少灰色。漸漸地膨脹成大肉塊，最後完全露出來。接着，頭也出來了，從假面脫出，假面仍在那裏，沒有破碎，但形狀很特別，眼睛很大卻看不見東西。觸鬚外面的殼，並無皺紋，沒有弄壞，也沒有改變原來的位置，掛在死面孔上，這時已半透明了。

因此，觸鬚在套內，雖然如手套般的密切，卻可以脫出來，一點不破壞外面的套，甚至一點都用不着弄皺它。裏面的東西，很容易脫出來，如同光滑的直的東西，從很寬的鞘裏抽出來一樣。這種機械化的作用，對於牠的後足的影響還要顯著。

現在是輪到脫出前足和中足的時候了，長手套常是一點不破的，雖然很小，也一點不弄皺或移動原來的位置。現在這昆蟲僅用後足的爪，固定在籠子頂上。用四隻小鈎子鈎着，身體垂直地懸掛着，頭朝着下，假使我碰到鐵絲網，牠就像鐘擺般的搖盪。

翼鞘及翼現在出來了。這四條狹小的細片，看來像四條紙條子。在這個時候還不及將來長度的四分之一。它們非常的柔軟，能因了本身的重量屈折，歪在體側，尖端對着蝗蟲的頭。想像四片草葉，受風雨的吹打而屈折歪斜的形狀，你就知道這未來的翼斜折情形了。

後足隨後解放出來。大腿露出來了，內面帶着淡紅色，不久就變成紅色的條紋。後足脫出來十分容易，因為大腿很粗，以下漸細。

足脛較大腿完全不同。成蟲的脛，滿生着兩排尖硬的刺。而且，下端末部還有四隻大齒輪。它是天生的鋸，不過有兩行鋸齒的。

現在這種足脛係裹在鞘裏，形狀完全相同的。每一個輪齒嵌在一個相同的輪齒裏，每一隻齒嵌在

一個相同的齒裏，鞘裏得很緊而且很薄，如同一層油漆。

然而鋸形的足脛，從長而狹的鞘裏脫出來，竟一點不受阻礙。如果我不是看見過好幾回，我還簡直不相信呢！輕薄的匣子，我呼氣一吹，都會將它吹破，然而鋸子絲毫未將它損壞；鋸齒從裏面拿出來，鞘上一點也沒有劃傷的痕跡。

誰都以為後足的套子，會將自己鬆下來，或者如死皮般的可以擦去。但是事實並不如我們所想像。從非常柔薄的輪齒和刺，抽出可以刺入軟木那樣硬的輪齒和刺。它能很安靜地脫出，脫下的皮仍然保留在那裏，由爪掛在籠頂上，沒有皺紋，也沒有扯碎。用放大鏡看來，沒有看到一點粗暴舉動的痕跡。

如果我們假定一個人要從極薄的大腸膜的鞘中抽出一條鋸子，而這鞘的形狀，又是完全依照鋸形做的，如說能把鋸子拿出，而不把外面的套弄破，人一定要失笑的。這件事情應當不可能。然而"自然"卻能將這種不可能性減少；牠可以為了需要的關係，做這種矛盾的事。

解決困難的方法是這樣的。當蝗蟲的足脫出來時，並不像現在一般的硬，是柔軟而可彎曲的。那個時候，我看到它是可彎曲的，如柔軟的繩一般。並且它在套裏時，實在還要軟，差不多像流質樣。齒固然有在那裏，但不像後來兩般的銳利。足將朝外抽時，刺向着後面，出來之後，才豎起來變硬。幾分鐘之後，腿遂變得強勁。

這個時候，漂亮的外衣皺了，被推在身體後面的尖端。除掉這一點，蝗蟲的周身都裸露了。休息二十分鐘後，牠又作一度大努力，舉起身子，握住脫去的殼。然後牠用四隻前足，高高地爬在箱子的鐵絲上。最後的一搖，將空殼擺脫，殼遂落在地下。蝗蟲的轉化和蟬正是相同呢。

現在這昆蟲是直站起來了，同時牠的翼也放置成正當的位置。牠們已不像花瓣一般向後捲，也不是下面翻在上面了；但

還是很襤褸，不美觀。現在我們只看到牠微微的皺着，有幾條溝，這表明牠是一堆捲着的東西，所以如此捲着的原因，是要少佔些面積。

它們慢慢的放開來，如此之慢，甚至在顯微鏡下，放開的強度都看不清楚。這件事須繼續約三點鐘。於是翼和翼鞘又在蝗蟲的背上豎起來，如一對很大的帆，有時沒有顏色，有時淡綠色，像蟬翼最初的時候。我們一想到從前牠們僅是微小的一束，現在竟如此之大，真有些令人驚異。這許多原料，怎麼放下的呢？

童話告訴我們說，一粒大麻的種子裏，藏着一個做公主內衣的布。這裏的一粒種子，更要使我們奇怪呢。故事中的麻子，還要數年的種植，到後來才取得麻來做嫁裝。而蝗蟲背上微小的一束，只要三小時便成了華麗的帆。它們是很好的紗做成的，交架着許多細網。

在幼生的翼上，我們只能看到一點未來織品的大概。我們不能說它和後來織物的形狀和地位都是一樣的。然而已具雛形，正如槲樹中的槲樹。

使翼成為一片紗，成為許多網紋的形狀，一定有些甚麼東西在使它這樣。就是說一定有一種原來的計劃，一個理想的模型，使得每一部分，都能放在正當的位置。我們建築物石頭的排列，是依着建築師的計劃的；在他們未築成一所真正的房子以前，要想好一個理想的建築物。同樣的，蝗蟲的翼對我提及另外一個建築師，即計劃的發明者 —— 大自然 —— 依照它的計劃來工作。

蟋蟀

家政

蟋蟀

居住在草地的蟋蟀，差不多和蟬一樣的有名，在有數的模範昆蟲中是很出色的。牠的出名是由於牠的唱歌和住宅。單有一樣是不足以成此大名的。動物故事學家拉封騰對於他，只談了很少的幾句。

另外一個法國寓言作家夫羅立安（Florian）寫了一篇蟋蟀的故事，可是也太缺乏真實性和含蓄的幽默。並且這故事上說蟋蟀不滿意，在歎息牠的命運！這是一個錯誤的觀念，因為無論何人只要研究過牠的，都知道牠對於自己的才能和住所都是非常愉快。並在這故事的末尾夫羅立安也承認了：

"我的舒適的小家庭是歡樂的地方，

如果你要快樂的生活，就隱居在這裏吧！"

在我朋友做的一首詩中，我感覺更有力更有真實性，下面就是這首詩的翻譯：

曾經有個故事是敘述動物的，

一隻可憐的蟋蟀跑出來，

到牠的門邊，在金黃色的陽光之下取暖，

看見了一隻得意洋洋的蝴蝶兒。

蝴蝶飛舞着，後面拖着那驕傲的尾巴，

半月形的藍色花紋，活潑潑地排成長的行列，

深黃的星點與黑的長帶，

驕傲的飛行者輕輕地飛過去。

隱士説道"飛走吧，
整天兒到你們的花裏去徘徊吧，
不管菊花白，玫瑰花紅，
都不足與我低凹的家庭比擬。"

一陣風暴突然降臨，
雨水擒住了飛行者，
牠的破碎的絲絨衣服上染上了污點，
牠的翅膀被塗滿了爛泥。

蟋蟀藏匿着，淋不到雨，
用冷靜的眼看着，發出歌聲，
風暴的威嚴對於牠全然無關，
狂風暴雨從牠身邊無礙地過去。

遠離這世界吧！不要過分
享受牠的快樂和繁華，
一個低凹的家庭，安逸而寧靜，
至少可給你以不須憂慮的時光。

　　在這裏，可以認識我們的蟋蟀了。我常看到牠在洞口捲動
着觸鬚使牠自己前面寒涼，後面溫暖。牠並不妒嫉蝴蝶，反而
可憐牠，那種憐憫的態度，好像我們常看到的那些有家庭的人
講到那些無家可住的人一樣。牠也不訴苦，對於牠的房屋和小
提琴都很滿足。牠是個道地的哲學家，知道萬事的虛幻，並
感覺到避開快樂追求者擾亂的好處。

對了，這種描寫，無論如何，總是對的。不過蟋蟀仍然需要幾行文字將牠的優點公之於眾，自從拉封騰忽略牠以後，牠已等待了很久了。

對作為自然學者的我，兩篇寓言中最重要的一點，乃是牠的巢穴，教訓便建築在這上面。夫羅立安談到牠安適的隱居地；另一個讚美牠低下的家庭。所以，最能促起人注意的，無疑的是牠的住宅，以至使詩人也注意到了，雖然他們常常很少注意事實的。

確實，在這件事上，蟋蟀是超羣的。在各種昆蟲中，只有牠長大後，有固定的家庭，這是牠工作的報酬啊！在一年中最壞的時季，大多數別種昆蟲，都在臨時的隱避所中藏身，牠們的隱避所得來既方便，棄去也毫不足惜；也有許多昆蟲製造一些驚人的東西，以安置家庭，如棉花袋、樹葉做的籃子、和水泥的塔等；有許多長期的在埋伏處伏着，等待捕獲物，例如虎甲蟲，掘成一個垂直的洞，用牠平坦的青銅色的頭塞着洞口，如果有別種昆蟲踏到這個迷惑的弳門上，牠立刻掀起一面來，這位不幸的過客，就墜入陷阱中不見了。蟻獅在沙上做成一個傾斜的隧道。牠的犧牲者 —— 螞蟻 —— 從斜傾的面上滑下去，立刻就被用石擊死，那隧道裏面的獵者把項頸做成一種石弩。但是這些統統是一種臨時的躲藏所或陷阱而已。

蟋
蟀

辛苦勤勞建築的家，無論是快樂的春天，或可怕的冬令，昆蟲在裏面住下來，不想遷移；這一種真正的住家，為着安全和舒適而建築，並不是為了狩獵，或育兒院的，那麼，只有蟋蟀的家了。在一些有陽光的草坡上，牠就是這隱居者的庵院之所有者。當別的在過着流浪生活，臥在露天裏或枯葉和石頭的下面，或老樹的樹皮下，蟋蟀卻是一個有固定居所的優越的人民。

做成一個住家是一個重大的問題。不過這已為蟋蟀、兔子，最後為人所解決。在我的鄰近的地方，有狐狸和獾豬的洞

穴，大部分是不整齊的岩石形成的。很少修整過，只有個洞就算了。兔子要比牠們聰明些，牠揀牠所歡喜的地方掘住所，如果那裏沒有天然的洞穴可使牠住下以免外間的煩擾的話。

蟋蟀比牠們更要聰明得多。牠輕視偶然碰到的隱避處，牠常常慎重地選擇家庭的地址，選擇排水優良，並且有溫和的陽光的地方。牠不要既成的洞穴，因為不適宜而且草率；牠的別墅都是自己一點點掘的，從大廳一直到臥室。

除掉人類，我沒有看到建築技術有比牠還高明的；就是人類，在攪和沙石和灰泥使建築固結，和用黏土塗壁的方法未發明以前，還是以岩石為隱避所和野獸戰鬥的。為甚麼這種特別的本能，單獨賦予這種動物呢？最低下的動物，卻可以住得很完全。牠有一個家，有許多文明人類所不知的優點：牠有平安的退隱之所，有無上的舒服；同時在牠附近的地方誰都不能住下來。除掉我們人類以外，沒有誰同牠逐鹿的。

牠怎麼會有這樣的才能呢？牠有特別的工具嗎？不，蟋蟀並不是掘鑿技術的專家；實際上，人只因看到牠的工具的柔弱，便對這樣的結果引以為奇了。

是不是因為牠皮膚太嫩，需要一個住家呢？也不是，牠的同類，有和牠一樣感覺靈敏的皮膚，但並不怕在露天下呢！

那麼牠建築住所的才能，是不是因牠身體的結構上的原因呢？牠有沒有做這項工作的特具器官呢？沒有，我附近地方，有三種別的蟋蟀，牠們的外表、顏色、構造，都很像田野的蟋蟀，當初一看，常常都當着是牠。這些一個模子下來的同類，竟沒有一個曉得怎麼掘一個住所。有雙斑點的蟋蟀，住在潮濕地方的草堆裏；孤獨的蟋蟀，在園丁翻起的土塊上跳來跳去；而波爾多蟋蟀，甚至毫無恐懼地到我們屋子裏來，自八月到九月，在那些黑暗而寒冷的地方，小心地歌唱。

繼續這些問題，毫無意義。因為答案總是反面的。本能從

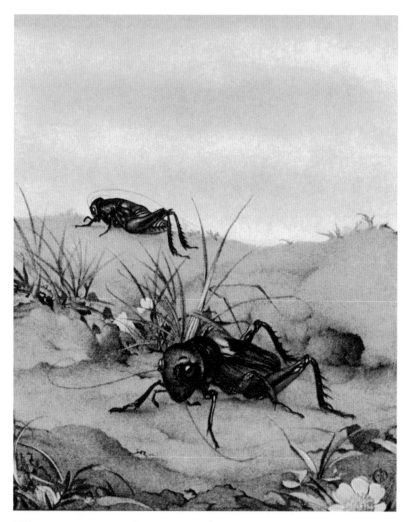

蟋蟀

不把原因告訴我們。依靠體態上的工具來解釋不可行，昆蟲身上的東西沒有甚麼能給我們作解釋，並使我們能夠知道其原因的。這四種類似的蟋蟀中，只有一種能掘穴，於是我們知道，本能的由來我們還不得而知。

哪一個不曉得蟋蟀的家呢？哪一個在小孩子時候，沒有到過這隱士的房屋之前呢？無論你走得如何輕，牠都能聽得見你來了，即躲到隱避地方的底下去。當你到的時候，這屋子的前面已經空了。

各人都知道，如何引出這隱匿者的方法，你拿起一根草，放在洞中去輕輕地轉動。牠以為上面發生了甚麼事情，這被搔癢和窘惱的蟋蟀從後面房間跑上來了；停在過道中，猜疑着，鼓動牠的細觸鬚打探。牠漸漸跑到亮光處來，只要一跑出外面，就很容易被捉到，因為這些騷擾已經將牠簡單的頭腦弄昏了。如果這一次，被牠逃脫，牠就會非常疑懼，不肯再出來。在這種情形之下，可以用一杯水將牠沖出來。

回憶我們孩童時代，那時候可真值得羨慕，我們到草地去捉蟋蟀，養在籠子裏，將萵苣葉餵牠們。現在又到我這裏來了，我搜索牠們的窠，為的是研究牠們。孩童時代如同昨日一樣，當我的同伴小保羅，一個利用草鬚的專家，在長時間施行他的技術以後，忽然興奮地叫道："我捉住牠了！我捉住牠了！"

快些，這裏有一個袋子！我的小蟋蟀，你進去吧！你可安居在這裏，有豐足的飲食；不過你一定要告訴我們一些事情，第一件，你須把你的家給我看看。

牠的住屋

在朝着陽光的堤岸上，青草叢中，隱着一個傾斜的隧道，這裏就是有驟雨，即刻也就會乾的。這隧道最多是九寸深，闊

不過像人的一隻指頭，依着地形或彎曲或垂直。差不多像定例一樣，總有一叢草將這所住屋半掩着，其作用如一所照壁，將進出的孔道隱於黑陰之下。蟋蟀出來吃周圍的嫩草時，決不碰及這一叢草。那微斜的門口，仔細耙掃，收拾得很廣闊；這就是牠的平台，當四圍的事物都很平靜時，蟋蟀就坐在這裏彈牠的四弦提琴。

屋子的內部並不奢華，有裸出卻並不粗糙的牆。住戶很有閒暇去修理太草率的地方。隧道之底即為臥室，這裏比他處修飾得略精細，並且闊大些。大體上講，是很簡單的住所，非常清潔，沒有潮濕，一切都合衛生的標準。在另一方面說來，假使我們想及蟋蟀用以掘地的工具如此簡單，這真是一個偉大的工程了。如果我們要知道牠怎樣做的，牠何時開始工作，我們一定要回溯到蟋蟀剛剛下卵的時候。

蟋蟀把卵產在土裏，像黑螽斯一樣，深約一寸的四分之三，牠將牠們排列成羣，總數大約有五百到六百個。這卵真是一種驚人的機械。孵化以後，看來如一隻灰白色的長瓶，頂上有一個圓而整齊的孔。孔邊上有一頂小帽，像一個蓋子。去掉這蓋，並不是因蟓蟲在裏面衝撞而破裂，而是因這蓋上有一種環繞着的線，——一種抵抗力很弱的線，——它自己會裂開來。

卵產下兩星期以後，前端現出兩個大的、圓的黑點。在這兩點的上面一點，即在長瓶的頭上，你可以看見一條環繞着的薄薄的突起的線。殼子將來就在這條線上裂開。不久，因卵的透明，可以允許我們看出這個小動物身上的節。現在是可注意的時候了，特別在早上的時候。

運道是愛垂青堅忍的，假使我們不斷地到卵邊去看，我們會得到報酬。在突起的線的四周，殼的抵抗力已漸漸消失，卵的一端遂分開。被裏面小動物的頭部推動，它升起來，落在一邊，好像小香水瓶的蓋子，蟋蟀就從瓶裏跳出來。

當牠出去以後，卵殼還是長形的，光滑、完整、淨白，帽子掛在口上的一邊。雞卵的破裂，是被小雞嘴尖上生的小硬瘤撞破的；蟋蟀的卵做得更機巧，與象牙盒子相似，能把蓋開啟。小動物的頭頂，已足夠做這件工作了。

我在上面說過，蓋子去掉以後，一個幼小的蟋蟀跳出來，這句話還不十分確當。那裏所出現的，是一個襁褓中的蟜蟀，穿着裹緊的衣服。還不能完全辨別出來。你應該記得，螽斯以同樣的方法孵化，當來到地面上時，也穿着一件保護身體的外衣的。蟋蟀和螽斯是同類，雖然事實上並不需要，但牠也穿一件同樣的制服。螽斯的卵留在地下有八月之久，牠出來時，必須和已經變硬的土壤搏鬥，所以需要一件長衣保護牠的長腿。但是蟋蟀比較短壯，而且卵在地下也不過幾天，牠出來時無非只要穿過粉狀的泥土。為了這些理由，牠不需要外衣，牠就把它拋棄在後面的殼子了。

當牠脫去襁褓時，蟋蟀差不多完全灰白色的，開始和當前的泥土戰鬥。牠用大腮咬出來，將一些毫無抵抗力的泥土，掃在旁邊和踢到後面去。牠很快地就在土面上，享受着日光，並冒着和牠同類衝突的危險。牠是這樣弱小的可憐蟲，並不比跳蚤大呢！

二十四鐘點以後，牠變成一種黑人，黑檀色足可以和發育完全的蟋蟀媲美。牠全部的灰白色所僅遺留下的，只有一條白肩帶，圍繞着胸部。牠非常靈敏和活潑，不時用長而時常顫動的觸鬚試探四周的情況，並且很性急地跑和跳躍。總有一天，牠大了、胖了，不能如此放肆，那真有些滑稽呢！

現在我們要看一看為甚麼母蟋蟀要生這許多的卵。這是因為多數的小動物要被處死刑的。牠們為別種動物大量地屠殺，特別是小形的灰蜥蜴和螞蟻。螞蟻這種討厭的流寇，常常不留一隻蟋蟀在我的花園裏。牠一口咬住這可憐的小動物，狼吞虎

咽的將牠們吞下。

　　唉，這個可恨的惡人！請想想看，我們還將螞蟻放在高級的昆蟲當中，為牠寫了很多書，稱讚之聲，不竭如流。自然學者對牠很尊崇，日漸增加其聲譽。這樣看來，動物和人一樣，引起人家注意的最妙的方法，就是多擾害別人。

　　做有益的清道夫工作的甲蟲，並沒有人去理會，而吃人血的蚊蟲，卻個個人都知道；同時人們也知道帶着毒劍，暴躁虛誇的黃蜂，及專做壞事的螞蟻，後者在我們南方的村莊中，常常跑到人家弄壞桷椽，牠還如吃無花果般的高興。

　　我花園中的蟋蟀，給螞蟻殘殺盡，使我不得不跑到外面找尋牠們。八月裏，在落葉中，那裏的草還沒有完全給太陽曬枯，我看到幼蟋蟀，已經比較大，現在已全身都是黑色，白肩帶的痕跡一些也不留存了。在這個時期，牠的生活是流浪的；一片枯葉，一塊扁石頭，已足夠應付牠的需要了。

　　許多從螞蟻口中逃脫殘生的蟋蟀，現在作了黃蜂的犧牲品，黃蜂獵取這些游行者，把牠們貯藏在地下。只要蟋蟀提早幾個星期掘住宅，牠們就沒有危險了；但牠們從未想到。牠們老守着舊習慣。

　　一直要到十月之末，寒氣開始迫人時，方動手造窠穴。如果就以我關在籠中的蟋蟀的觀察來判斷，這項工作是很簡單的。掘穴並不在裸露的地面着手，而是常常在萵苣葉——殘留下來的食物——掩蓋的地點這是替代草叢的，似乎為了使牠的住宅隱秘起見，那是不可缺少的。

　　這位礦工用前足扒土，並用大腮的鉗子，咬去較大的礫塊。我看到牠用強有力的後足踏，後腿上有兩排鋸齒；同時我也看到牠掃清塵土，推到後面，將它傾斜地鋪開。這樣，你可以知道牠全部的方法了。

　　工作開始做得很快。牠鑽在我籠子裏的土底下兩小時。隔

昆蟲記

蟋蟀

一會兒，牠到進出道口來，但常常是向後的，不停地掃着。如果牠感到疲勞，牠可以在未做成的家的門口休息一會，頭朝着外面，觸鬚無力地擺動。不久牠又進去，用鉗子和耙繼續工作。後來休息的時間漸漸加長，使我有些不耐煩了。

工作最重要的部分已經做成功。洞已有兩寸深，已足供一時的需用了。餘下的是長時間的事情，可以慢慢地做的，今天做一點，明天做一點；這個洞可以隨天氣的加冷和身體的增大而加深加闊。即使冬天的氣候比較還溫和，太陽曬在住宅的門口，還是可以看見蟋蟀從裏面拋出泥土來。在春季享樂的天氣裏，這住宅修理的工作仍然繼續不已。改良和修飾的工作，總是經常地在做着，直到主人死時。

四月之末，蟋蟀開始唱歌；最初是生疏而羞澀的獨唱，不久，就成合奏樂，每塊泥土都誇牠的奏樂者了。我樂意將牠列於春天歌唱者之首。在我們的廢地上，百里香和歐薄荷繁盛的開花時，百靈鳥起來如火箭，扳開喉嚨歌唱，將甜美的歌曲，從天空散佈到地上。下面的蟋蟀，唱歌相和。牠們的歌單調而無藝術，但這種缺乏藝術的單調和牠復蘇生命之喜悅相適合，這是警醒的歌頌，為萌芽的種子、初生的葉片所了解。對於此種二人合奏曲，我當判定蟋蟀優勝。牠的數目和不間斷的音節足以當之。百靈鳥的歌聲靜止後，這些田野，生着青灰色的歐薄荷，這些在日光下搖擺着芳香的批評家，當仍然受到這樸素的唱歌者一曲讚美謳歌。

牠的樂器

為了科學的研究，我們可以很直率的對蟋蟀說道：“將你的樂器給我們看看。”

像各種真有價值的東西一樣，它是非常簡單的。和螽斯的

樂器根據同樣的原理，它僅是一隻弓，弓上有一隻鉤子，及一種振動膜。右翼鞘蓋着左翼鞘，差不多完全遮蓋着，除卻後面及折轉包在體側的一部分，這種樣式與我們先前看到的蚱蜢、螽斯，及其同類者相反。蟋蟀是右面的遮蓋着左面的，而蚱蜢等，則是左面的遮蓋右面的。

　　兩個翼鞘的構造是一樣的。知道了這一個，就知道那一個。牠們平鋪在蟋蟀的背上，旁邊突然斜下成直角，緊裹着身體，上面有細脈。

　　如果你把兩個翼鞘揭開，朝着亮光，你可以見到那是極淡的淡紅色的，除卻兩個連結着的地方；前面是大的一個三角形，後面是小的一個橢圓。上面有模糊的皺紋，這兩處地方就是發聲器。此處的皮是透明的，比別處要細密些，惟微帶煙灰色。

　　在前一部分後面的邊沿上，有兩個彎曲而平行的脈，這脈線的當中有一個空隙。空隙中有五條或六條黑的皺紋，看來好像梯子的梯級。牠們能相磨擦，增加下面弓的接觸點的數目，以增強振動。

　　在下面，圍繞着空隙的兩條脈之一條，成肋狀，切成鉤的樣子。這就是弓。牠生着約一百五十個三角形的齒，整齊頗合幾何的原理。

　　這確實是精緻的樂器。弓上的一百五十個齒，嵌在對面翼鞘的梯級裏，使四個發聲器同時振動；下面的一對直接磨擦，上面的一對是搖動磨擦的器具。牠用四隻發音器能將音樂傳到數百碼以外，這聲音是如何的急促啊！

　　牠的聲音可以與蟬的清澈相抗，且沒有後者的粗糙的聲音。比較更好些的，是牠能知道如何調節牠的歌曲。我已說過，翼鞘向兩方面伸出，非常開闊。這就是制音器，把它放低一點，能改變聲音的強度。依據它們與蟋蟀柔軟身體接觸的程度，可以任它一時柔和的低聲的唱，一時發極高的聲調。

蟋蟀

兩個翼盤完全相似，這是頗值得注意的。我可以分明看到上面弓的作用和四個發音地方的動作；但是下面的一個，即左翼的弓有甚麼用處呢？它並不放在任何東西上，沒有東西接觸着同樣裝飾着齒的鈎子。它完全無用的，除非能將兩部分的器具掉換位置，把下面的可以放到上面去。如果這件事可以辦到，牠的器具的功用還是和先前相同，不過利用現在沒有用的那隻弓演奏了。下面的胡琴弓，變成上面的，所奏的調子還是一樣的。

最初我以為蟋蟀兩隻弓都用的，至少牠們有些是用左面一隻的。但是觀察的結果，與我的想像相反。我所考察過的，所有蟋蟀——數目很多——都是右翼鞘蓋在左翼鞘上面的，沒有一個例外。

我甚至用人為的方法來做這“大自然”不肯指示我們的事情。我非常輕巧地，決不碰壞翼鞘，用我的鉗子，使左翼鞘放在右翼鞘上。只要有一點技巧和忍耐心，這是非常容易做到的。事情的各方面都很好，肩上沒有脫臼，翼膜也沒有摺皺。

我很希望蟋蟀在如此狀態下能歌唱，但不久我就失望了。牠開始忍耐了一些時，但是不久感覺到不舒服，努力將牠的器具回復原來的狀態。我一再弄了好幾回，但是蟋蟀的頑固勝於我。

後來我想，我這種試驗應該在牠的翼鞘還是新而軟的時候做，即在蟒蟲剛剛脫下皮的時候。我得到一個正在蛻化的。在這個時期，牠未來的翼及翼鞘形如四個極小的薄片，短小的形狀，及其向着不同的方向平鋪的樣子，使我想到麵包師穿的短馬甲。不久這蟒蟲在我的面前脫去了這衣服。

翼鞘一點一點長大，漸漸地開闊。這時還看不出哪一扇翼鞘蓋在上面。後來兩邊相接了；再過幾分鐘，右面的就要蓋到左面的上面去了呢！這是我加以干涉的時候了。

我用一根草輕輕掉換位置，使左翼鞘的邊蓋在右面上。蟋

蟀雖然有些反抗，但是終究我是成功的；左面的翼鞘稍稍推向前方了，雖然只有一點點。於是我拋下它來，翼鞘遂在這變換過的位置下長大。蟋蟀遂成左面發展的了。我很希望牠能用牠家族中從未用過的琴弓。

第三天上，牠就開始了。聽到幾聲磨擦的聲音，好像機器的齒輪不相密合，在把它湊好。然後調子開始了，還是牠固有的音調。

蟋
蟀

唉！我過於信任了我貽害無窮的草了。我以為已造成一種新式奏樂器，然而我一無所得！蟋蟀仍然拉牠右面的琴弓，而且常常如此拉。牠拼命的努力，將我顛倒旋轉的翼鞘放在原來的位置，致肩膀脫臼，現在牠已將應該放在上面的仍在上面，應該放在下面的仍放在下面了。我欠缺的科學方法，想把牠做成左手的彈奏者。牠笑我的方法，終其一生還是用右手的。

樂器已講得夠了；讓我們聽聽牠的音樂吧！蟋蟀唱歌是在牠的家門口，在溫和的陽光之下，而從不在屋裏的。翼鞘發出克利克利的柔和振動聲。音調圓滿，響朗而精美，而且延長無休止。整個春天的寂寞之閒暇就這樣消遣過去。這隱士最初的歌是為了自己的快樂。牠在歌頌照在牠身上的陽光，供給牠食物的青草，給牠居住的平安隱避之地。牠的弓的第一目的，是歌頌牠生存的快樂。

到後來，牠遂為了牠的伴侶而彈奏。但是據實說來，牠的這種關心並不受到感謝的回報；因為到後來牠和牠的伴侶爭鬥得很兇，除非牠逃走，否則伴侶會把牠弄成殘廢，甚至吃掉牠一部分的肢體。不過無論如何，牠不久總要死的。就是牠逃脫了好爭鬥的伴侶，牠六月裏也要滅亡。聽說喜歡音樂的希臘人，常將牠養在籠子裏，得傾聽牠們的歌聲。然而我不敢相信這回事。第一，牠的煩囂的聲音，如靠近地聽久了，耳朵是很難受的。希臘人的聽覺恐怕不見得愛聽這種粗厲的，田野間的音樂吧！

第二，蟬是不能養在籠子裏的，除非我們連洋橄欖樹或篠懸木一齊都罩在裏面。並且只要關住一天功夫，就會將這高飛的昆蟲厭倦而死的。

將蟋蟀誤為蟬，好像將蟬誤作蚱蜢，事實並非不可能的。——如其這說的是蟋蟀，那這很對了。牠被關起來是快樂的。牠長久住在家裏的生活法使牠能夠被飼養。只要牠每天有萵苣葉子吃，就是關在不及拳頭大的籠子裏，牠也生活得很快樂，不住地叫。雅典小孩子掛在窗口籠子裏養的，不就是牠嗎？

布羅溫司的小孩子，以及南方各處的，都有同樣的嗜好。至今在城裏，蟋蟀更成孩子們寶貴的財產了。這種蟲倍受寵愛並享受到各種美食，為孩子們唱鄉下的快樂之歌。牠的死能使全家的人都感到悲哀。

我們附近的其他三種蟋蟀，都有同樣的音樂器具，不過微細處稍有不同。牠們的歌在各方面更相像，不過身體大小有不同。波爾多蟋蟀，有時到我家廚房的黑暗處來的，是一族中之最小者，牠的歌聲很細微，必須傾耳靜聽才能聽得見。

田野間的蟋蟀，在春天有太陽的時候歌唱，在夏天的晚上，我們則聽到意大利蟋蟀的歌唱了。牠是個瘦弱的昆蟲，顏色十分淡，差不多成白色，似乎和牠夜間行動的習慣相適合。如果你將牠放在手指中，就怕會把牠捏扁。牠喜歡高高地住在空氣中，在各種灌木裏，或比較高的草上；很少爬下地面來。七月至十月這些炎熱的晚上，牠甜蜜的歌聲，從太陽落山起，繼續至半夜不止。

布羅溫司的人都熟悉牠的歌，最小的灌木叢中也都有牠的樂隊。很柔和很慢的“格里里，格里里”的聲音，加以輕微的顫音，格外有意思。如果沒有甚麼事擾害牠，這種聲韻繼續下去；但是只要有一點響聲，牠就變成了迷人的歌者。你本來聽見牠很靠近地在你前面的，忽然再聽，牠已在十五碼以外了。

你向着這個聲音走去，牠並不在那裏；聲音還是從原來的地方來的。其實，也並不對。這聲音是從左面還是從後面來的呢？完全給牠弄昏了，簡直找不出歌聲發出的地點。

距離不定的幻聲，是由兩種方法構成的。聲音的高低與抑揚，依照下翼鞘受弓壓抑的部分而不同，同時也受翼鞘位置的影響。如要高的聲音，翼鞘就抬得很高；如要低的聲音，翼鞘就低一點下來。淡色蟋蟀要迷惑捉牠的人，把牠顫動板的邊緣壓着軟柔的身體。

我所知道的昆蟲中，沒有歌聲比蟋蟀更動人，更清晰了。在八月夜深人靜的晚上，可以聽到牠的歌聲。我常常臥在我哈麻司裏迷迭香旁邊的草地上，靜聽這種悅耳的音樂。

意大利蟋蟀羣集在我的小園中。每一株開着紅花的野玫瑰上，都有它的歌頌者，歐薄荷上也有很多。野草莓樹、小松樹，也都變成音樂場。並且牠的聲音清澈，富有美感，所以在這小世界中，從每叢小樹到每一根樹枝上，都飄出頌揚生存的快樂之歌。

在我頭頂上，天鵝高高飛翔於銀河之間，下面，圍繞着我的，有昆蟲的音樂，時起時息。微小的生命，訴說牠的快樂，使我忘記了星辰的美景。那些天眼，向下看着我，靜靜地，冷冷地，但一點不能打動我內在的心弦。為甚麼呢？它們缺少大秘密 —— 生命。確實的，我們的理智告訴我們：那些為太陽曬熱的世界，同我們的一樣；不過究竟說來，這種信念也等於一種猜想，這不是一件確實無疑的事。

在你們的同伴裏，相反的啊，我的蟋蟀，我感到生命的活躍，這是我們土地的靈魂；這就是我為甚麼不看天上的星辰，而將我的注意力集中於你們的夜歌了！一個活的微點 —— 最小最小的有生命的一粒，—— 自知快樂和痛苦，比無限大的單單的物質，更能引起我的無窮興趣呢！

蟋蟀

虻蠅

奇怪的餐食

當我在一八五五年搜索卡本特拉斯的山坡時，——即我從前已經告訴過你們的，亦即掘地蜂喜歡住的山坡——才開始與虻蠅相熟。牠的奇怪的蛹，具有非常的力量，能給成蟲開一條出路，而成蟲則一點不能為力；因此頗值得研究。蛹的前部備有一種犁頭，尾上有三腳叉，背上有一排杈，牠就用這種東西，弄破竹蜂的繭子，掘開山旁的硬泥。

七月裏隨便哪一天，讓我們掘掉一些泥水匠蜂做窠的緊壓在山坡地底的小石子。房舍全露出來了。最有益的事情，是小室在蜂窠的基部露出來，因為在這一處地方，除了石子的表面，再沒有旁的牆。小窠在我們面前，一點沒有損壞，當然啦，小窠如果損壞，於我們就未免失望，對於蜜蜂也危險，裏面藏有絲質的、琥珀黃的繭，薄而透明，如葱頭的皮。讓我們用剪刀將這些小巧的包，一個一個地剪開。如果運氣好——只要有恒心，總有好運氣的——我們可以得到一些繭，在裏面住着兩種幼生，一個外表已經枯壞，另一個活潑而肥胖。同時在很多其他的室中，乾枯的幼生邊，有一羣小蠐螬在爬動。

很容易看出，繭中正在發生一種悲劇。軟弱乾枯的一個，是泥水匠蜂的幼生。一個月以前，六月裏，牠吃完了糧食——蜜——後，自己織成一個絲鞘，在裏面睡一個長覺，以待轉化。這東西多脂肪，只要敵人能進去，牠是一個毫無防禦而且肥的食品。敵人果真進去了。雖然外面有牆壁，有屋頂，看來

是障礙重重，不能通過，然而敵人的蟎蟭從秘密的地方出現，開始來吃臥者了。在同一窠巢裏，常有三種不同的敵人在鄰近的室內，來做謀害的工作。現在我們只預備涉及虻蠅的事。

這蟎蟭吃完犧牲者，單獨留在泥水匠蜂的繭中，是裸着體、柔軟、光滑無足而盲目的小蟲。全身乳白色，每一節都形成一種完全的環，靜止的時候彎曲的，被人騷擾的時候，就變成很直的了。連頭在內，共有十三節，在身體中部節的很明顯，前部不易分辨些。白而柔軟的頭，看不出嘴的痕跡，並不比針頭大。這蟎蟭有四個淡紅的氣門，即卵呼吸用的孔，兩個在前面，兩個在後面，這是蠅類的通例。走路的工具是完全沒有的，牠絕對不能移動位置。如果我在牠靜止時，撥動牠，牠就把身體屈伸，在牠臥着的地方，拼命地擺動，但不能移前一步。

虻
蠅

但是虻蠅蟎蟭最有趣的一點，是牠吃食的方法。有很獨特的現象，吸引我們的注意，即虻蠅蟎蟭來回於蜜蜂蟎蟭處，非常安逸。仔細觀察這些吃肉的蟎蟭數百回以上的吃食之後，我忽然發現一種和我們以前看見過的完全不同的吃食的方法。

以蠮螉的蟎蟭吃毛蟲的方法舉例。蠮螉蟎蟭在牠犧牲者的身上攢一個孔，蟎蟭的頭和頸很深地穿入傷處。牠決不將頭拿出來，也不休息一下。這個貪食的動物總是向前攢，咀嚼、吞咽、消化，直到毛蟲只剩一個空殼。一經開始，吃食在未吃盡以前，總不肯停止一下的。如果把牠拖開，牠避疑着，並且仍然找到牠剛才吃過的地點去；如果往別一點去攻擊毛蟲，弄開新的傷口，牠是要腐爛的。

至於虻蠅的蟎蟭，沒有這種割裂的舉動，也不固執地去尋那個舊傷口。如果我用尖的毛刷子去觸動牠，牠立刻就避開去，犧牲者的身上看不出有傷痕，沒有皮破的地方。不久，蟎蟭又將頭伸到食物，不管哪點，隨便固定在甚麼地方。如我再

用刷子觸動牠，牠再逃避，並且同樣安然地又伸到食物旁邊。

這種螃蟹安閒地握住、離開、和重又握住牠的犧牲者，忽然這裏，忽然那裏一點沒有傷痕，使我知道虻蠅的嘴沒有牙齒可以咬入皮膚，把它撕破。好像肌肉給鉗子挾了一下，螃蟹在離去前和又回來時，少不得要企圖一兩下的；否則，皮膚難免要破裂。這種情形，這裏卻沒有的。螃蟹只將膠住在食物的身上或者退回。牠並不像別種食肉的螃蟹一樣咀嚼食物，牠並不是吃，牠是吸的。

這種特別的現象，使我用顯微鏡觀察牠的嘴。牠的形狀像一個小圓錐形的火山口，有紅黃的邊沿，並有很淡的線圍繞着。這條隧道的底下，是喉嚨口。簡直沒有一點腮或頸的痕跡，也沒有任何能夠咬或咀嚼食物的東西。這簡直是個杯狀的孔，我從未見過別的動物有這樣的嘴，只能拿它和吸器的口相比擬。它的攻擊，僅是一種接吻，然而何等殘酷的接吻啊！

要觀察這部奇怪的機器的工作，我將一個新生的虻蠅螃蟹和牠的犧牲者，一齊放在一個玻璃管內。這樣，我可以看牠從頭至尾奇異的吃了。

虻蠅的螃蟹 —— 蜜蜂的不速之客 —— 將牠的嘴即吸盤放在蜜蜂螃蟹身體的任何部分。如果有甚麼事情擾害牠，牠可以立刻停止接吻，如果牠喜歡，也可很容易地再繼續下去。蜜蜂螃蟹經過這種奇異的接觸三四天以後，從前是如此肥胖，光澤，而且康健的，現在已變成很瘦弱了。牠的四周癟進去，牠的顏色枯槁，皮膚起皺，牠顯然的已經縮小。一星期過去，枯竭的情形更甚。牠癟而且皺，好像身體的重量都不能支持了。如果我將牠拿開，牠伏着，攤着，好像一個僅盛着一半水的橡皮袋。但是虻蠅的接吻，還要繼續下去，將牠吸空，不久牠就變成一個泄氣皮球，一個鐘點一個鐘點地小下去。最久，在十二天至十五天之內，蜜蜂螃蟹所餘下來的，僅為一顆白的細

點，幾不及針頭那麼大了。

如果我將這個小殘餘物，放在水裏浸軟，再用極細極細的玻璃管吹氣進去，皮膚就膨脹起來，回復螕蟶原來的形狀。隨便哪裏都沒有走氣的地方。牠是完整的，沒有地方被弄破。這件事證明，牠在虻蠅吸器之下，是從皮膚的細孔中被吸乾的。

這種食肉的螕蟶，選擇牠攻擊時間的當兒，是非常聰明的。牠的身體，小得只有一點點。牠的母親，——是屠弱的蠅——沒有做一點事幫助牠。牠沒有武器，也不能突入蜜蜂的城堡。虻蠅的食物這時還沒有瘓癲下來，也還沒有受到傷害。於是寄生者來了。——不久我們可以看見牠將怎樣。牠來時，幾乎不易被看出，先作相當的準備，然後爬在牠的犧牲者的身上，後者從此就要開始乾癟盡淨。這時候，犧牲者還沒有開始乾癟，也不曾喪失活力，卻聽牠的便，不去干涉牠，直到被吸到乾枯，也始終不動一動地表示反抗。沒有一具屍首在未死前表示對於牠的咬感覺到甚麼不舒服。

虻蠅

假使虻蠅螕蟶出現時間太早，當蜜蜂螕蟶正在吃蜜的時候，事情就不妙了。犧牲者感覺到身上有別人吻着，要將牠置於死地，就要用身體的擺動，和大腮的咬來作抵抗的。那麼侵略者反要被毀滅了。但是侵略者攻擊的時間選擇得很聰明，所有的危險都已過去。蜜蜂螕蟶已經閉關在絲質的鞘裏，在睡眠狀態之下，準備變成蜜蜂，牠的狀態不是死，但也不是活着。所以無論我用針刺牠，或者虻蠅螕蟶攻擊牠，牠都無反抗的表示。

此外虻蠅螕蟶進餐時，還有一個最奇怪的特點。即蜜蜂螕蟶直到最後，還是活着。如果牠真是死了，在二十四小時之內，牠應該變成棕黑色而腐爛。但是食物經過兩個星期，犧牲者的奶油色還是沒有變，也沒有腐爛的樣子。生命一直保持到身體退減到完全沒有的時候。如果我弄牠一處傷痕，全身都變

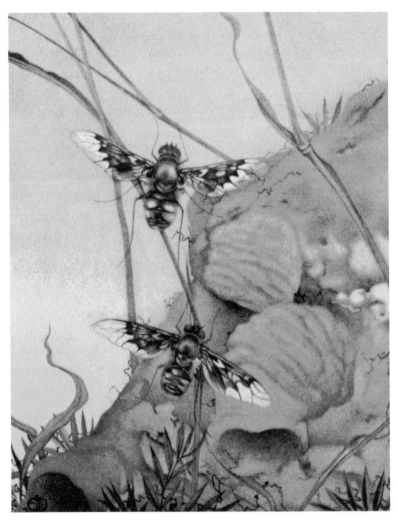

虻蠅

成棕色，不久就開始腐敗。一根針的微刺，能使牠分解掉。其實沒有甚麼傷害，就殺死了牠，而殘暴地吸牠的精力，竟沒有殺死牠呢！

我所能想到的唯一解釋是這樣，但這不過是個假設而已。從蜜蜂蟎蛆沒有被刺破的皮膚中，除掉流質外，沒有旁的東西可以給虻蠅吸去，更沒有呼吸器官或神經系統能夠被吸出去。因為這兩種主要的原質未被傷害，所以直到皮膚內所有的流質完全被吸盡為止，生命仍然繼續存在的。另一方面，如果我傷害蜜蜂的蟎蛆，我便破壞了牠的神經及呼吸系統，受傷地方的毒質就散佈到全身了。

自由是個高貴的財產，甚至微小的蟎蛆也是需要的；但牠有牠的危險。虻蠅蟎蛆要逃避這些危險，只有把口封罩起來。牠自己找路跑進蜜蜂的住宅，完全不依賴牠的母親。牠和多數別種食肉蟎蛆不同，牠不是母親細心把牠安置在有食物的適當地點。牠是完全自由攻擊牠所選擇的俘虜。如果牠有一對切割的工具，或是一對顎和腮，牠很快就要遇到死亡。因為牠必定切開俘虜，隨意地咬嚼牠，而牠的食物就要爛了。牠行動的自由，就要殺死自己呢！

出來的道路

也有很多種吃蟎蛆的小動物，吸食牠的犧牲者，不會弄出傷痕來，但是就我所知道的竟沒有一個能趕得上虻蠅蟎蛆技術的高明。而且要出小室時所用的方法也不能和虻蠅比擬。別種昆蟲，變成成蟲時，用開掘與毀壞的辦法。牠們有強固的腮，能用以掘地，推倒泥土的隔壁，或者甚至將泥水匠蜂的硬水泥嚼得粉碎。而在最後形態下的虻蠅，是沒有這些東西的。牠的嘴僅是一種短而柔的吻，只能從花中舐食糖汁。牠的足很弱，

移動一粒細沙已是過於艱難的工作，各關節十分緊張了。牠的大而硬的翼，只好張開着，不允許牠穿過狹窄的小道，牠的優雅的絲絨外衣，你只要對着牠呼吸，就會有細毛吹進你的鼻孔，當然不能和粗硬的隧道磨擦。牠不能跑進蜜蜂窠裏去產卵，當牠要解放自己，翱翔於白日之下的時候來臨時，當然也不能出來的。

並且蟎蟺更沒有力量能開闢出道路來。那個乳白色的小長瓶，除卻弱小的吸盤外，別無器具，甚至比發育完全的昆蟲更柔弱，因虻蠅至少還能飛，能走呢！所以蜜蜂的小室看來是這種動物的土牢。牠怎樣能出來呢？如果別無幫助，牠們是不能解決這個問題的。

在昆蟲中，蛹 —— 在轉變期中的狀態，此時這動物已不是蟎蟺，但還沒有成完全的昆蟲 —— 是非常的柔弱的。牠是一種臘屍，身上緊裹着襁褓，不知、不動，只等着變化。牠的嫩肉是不堅固的；牠的肢透明如結晶品，固定在牠們的位置上，如果稍微移動一下，就會妨害牠的發育。如果要斷了骨頭的病人回復原狀，就需要醫生拿繃帶裹起來，也是同樣的情形。

在這裏，事情的通常情形，重大的工作，反而很奇怪地顛倒轉來放在蛹的身上。衝開牆壁，開闢出路，反應該是蛹去做。蛹擔負着一種辛苦的責任，發育完全的昆蟲卻在日光下享樂。之所以有如此特殊的情形，是因為蛹有着奇異而複雜的工具，牠們不見於蟎蟺，也不見於成長的虻蠅。這些工具包括犂頭、手鑽、鈎子和矛，以及其他我們市場上所沒有及字典上找不出名稱的東西。我現在要盡我的能力，來敘述這種奇怪的用具。

七月底虻蠅吃完了蜜蜂蟎蟺。從這時起一直到明年五月止，牠睡在泥水匠蜂的繭子裏，吃剩的犧牲者旁邊，一動也不

動。等到五月的日子來到，牠就皺縮起來，脫去牠的皮；於是蛹就出現了，全身穿着強韌、紅色、角質的衣服。

蛹頭圓而且大，頂上和前部戴着一種王冠，上裝六個尖硬黑色的刺，排列成半圓形。這六隻釘的犁頭是主要的掘鑿工具，在這種工具下方，更有一羣小黑釘，靠得很緊。

身體中部的四節背上有一帶角質的弧形物，在皮裏顛倒置着。它們彼此平行排列，其端有黑而硬的尖子。帶子形成了兩行小刺，中間是空的。四節上總共約有二百個釘。這種鋼銼的用途是很顯明的：它幫助蛹能穩定地隧道中的壁上，當牠開道工作在進行的時候。牠固定在一點上，這勇敢的先驅者可以和用帽上釘子用力去掉阻礙物。牠又備有一種長的硬毛，生在一排排的釘子中間，尖端向後，使這機器不易退後。在別的節上也有一些生在旁邊的列成簇狀。此外還有兩條刺帶，比較前者稍微柔弱些，和一束八個釘子的束，生在身體的末端。其中有兩個釘子比較其餘的長些。這樣完成了這奇怪的穿孔機器，可以為屛弱的虻蠅預備出去的道路了。

虻蠅

五月末，蛹的顏色開始改變，表示快要變虻蠅了。頭及身體的前部，漸成漂亮的黑色，此即將來昆蟲要穿上黑衣服的預兆。我很急迫地想要看穿孔器具的動作，因為這件事不能在自然狀況下看到，於是我將虻蠅放在玻璃管裏，兩個蘆粟髓的厚塞子之間。兩個塞子間的距離，和蜂室差不多大小，這種隔壁雖沒有蜜蜂巢的堅固，然而也有相當的強韌，可以抵抗相當的力量。旁邊的牆，是玻璃，齒帶釘不住的，這使工作者難做些。

不要緊，只有一天工夫那蛹已把前面的隔壁鑽通，這壁厚有一寸的四分之三。我看到牠用雙重的犁頭抵住後面的壁，身體彎作弓狀，忽然彈起來，用前頭部撞在前面的塞子上。蘆粟髓受釘子的打擊，就慢慢地一顆顆破碎下來。經過稍長的時

間，工作的方法改變了。牠將有錐子的帽鑽進髓去，坐立不安地搖擺一會；然後重行衝擊。當中有休息的時間。最後洞做成功，蛹溜了進去，但並不完全穿過。頭和胸部出了兩邊的洞口，其他的部分仍在隧道內。

　　玻璃的小室當然會使虻蠅有點眩惑，髓上的洞寬而不整齊，這簡直是個破洞，並不是隧道。牠穿過泥水匠蜂小室壁上的，卻非常整潔，大小確如牠身體的直徑，因為隧道的狹小整潔是必需的。蛹的身子常常有一半被阻在裏面的，甚至被背上的銼滯住。只有頭和胸部露在外面。一種固定的支撐物是必要的，因為如果沒有它，虻蠅就不能脫出角質的底展開牠的翅膀，和伸出牠的長足了。

　　所以牠在狹小的隧道中，因背上的銼固定住。這時一切都預備好了，就開始變化。頭上露出兩個裂口，一直一橫，將頭殼裂成兩半，並直裂到胸部。從這種十字形的裂口中，虻蠅突然出現。牠顫動的足支持着身體，翅膀乾了，開始飛行，將牠脫下的殼拋在隧道的門口。這種顏色幽暗的虻蠅，有五六個星期的壽命，可以給牠在百里香花下搜尋土巢，享受一部生存的快樂呢！

進去的道路

　　如果你留心着這段虻蠅的故事，你一定注意到這裏還未完全。寓言中的狐狸看到獅子的客人進了牠的巢穴，但沒有看見牠們怎樣出來。現在這件事情正相反：我們只知道牠怎樣出泥水匠鋒的城堡，卻不知牠進去的路。牠把主人吃掉，而要離開那室時，虻蠅變成了穿孔器具。當隧道開闢的時候，這種工具好像豆子一般的裂開，曬在太陽之下了，並且從很堅固的構造中，出來了一個文雅的蠅。牠如一叢細毛，和從牠出來的地

方，粗硬的牢牆，適可相對照，關於這一點，我們已經知道很清楚了。但是蟎蠕進蜂窠的道路，我被眩惑了二十五年。

很明顯的，母親不能將牠的卵放在蜂窠裏去，因為那是關住的，而且有水泥的牆阻礙着。要鑽進去牠就得再做一回穿孔器，重新穿上牠拋在隧道門口的破衣裳，牠必須重新變成蛹。因為成長的蠅，沒有爪，沒有大腮，沒有可以穿過牆壁的各種工具了。

那麼，我們剛才看見的一個吸食蜂的初生之蟎蠕能自己跑進儲藏室去嗎？讓我們回想一下吧：牠是一段小的油膩腸，只能在臥着的地方伸屈，不能移動位置。牠的身體是光滑的長瓶，牠的嘴是一個圓孔。牠沒有方法可以移動，甚至一毫米的距離都不能爬行。牠除消化食物外，不能做旁的事。要想開闢進蜂窠的道路，牠比牠的母親更要不行。然而食物是在裏邊，牠必須要達到那裏，這是一件關乎生死的事。究竟蠅如何解決這件事呢？對於這個難題，我決定去做一回差不多不可能的試驗，去察看虹蠅怎樣產下牠的卵。

因為這種蠅在我們鄰近不很多，所以我去卡本特拉斯，一個可愛的小村鎮旅行一次，在那裏我住過二十年。我第一次做教員的那個老學校，還在那裏，外表並沒有變換，看來還像個悔過所。在我幼年時，大家都認為小孩子快樂活潑是不好的，所以我們的教育制度簡直是鬱悶和憂愁的藥劑。我們的教室尤其像感化院。四面牆中有一塊空地，簡直是一個熊坑，這是孩童們在展開的篠懸木樹下，常競奪遊戲的地方。空地周圍是許多像馬房的小房間，既無亮光，又無空氣，那些就是我們的課室了。

我也看到我從這所學校出去常常去買雪茄煙的店舖，及我從前的住宅，現在已住了僧侶了。在窗洞裏，外面關閉的百葉窗和裏面的綠窗之間我曾放過我們的化學品，以免不小心碰觸

昆蟲記

虹
蠅

到它。這是從家用裏節省下來的一點錢買來的。我的試驗，不管是安全的或是危險的，都在火爐旁邊，靠近一煮湯的地方做。我是如何的快樂啊，當我重新看到這屋子，在那裏我曾研究過算學題目；我很熟的朋友，即黑板，那是我花五法郎一年租來的，沒有立刻買來的原因，是我缺乏現錢啊！

但是我必須回轉來談我的昆蟲了。我到卡本特拉斯來，不幸已經錯過一年中最好的時節，來得太遲了。我只看到幾隻蚊蠅在岩壁上面飛。然而我並不失望，因為這些蚊蠅，並不是在那裏做體操，而是想建設牠們的家族的。

所以我立在岩石的腳下，曬着如煎的太陽，差不多有半天工夫，我看着蚊蠅的動作。牠們靜靜地在斜坡前面飛轉，離開地面只有幾寸遠。牠們從這個蜂窠，又到那個蜂窠，但是不圖進去。因為，有企圖也沒有用，隧道太狹了，不容許牠張開翅膀進去。所以牠們只是往來視察岩壁，或高或低，有時飛得很快，有時又飛得很慢。有時候我看見牠們中的一個，飛近岩壁，忽然用身體的尾部去碰碰泥土。這舉動只有如眼睛一瞥的時間。當這件事過去時，牠稍稍休息一會，隨後又繼續飛舞。

我認定：當蚊蠅碰一碰泥土的時候，牠就產卵在那地點。然而我跑近前用放大鏡看時，並沒有看見卵。雖然我深切地加以注意，也不能辨別出有甚麼東西來。其實因為我疲乏了，加上耀眼的日光及焦灼的熱度，使我不容易看見東西了；後來，我和從那卵裏出來的小東西熟悉時，我的失敗並不使我奇怪，因為即使就是在我安靜而悠閒地研究時，我都很難看出這種無限之小的動物。那麼，在太陽焙着的岩壁下疲倦的我怎麼能看得見卵呢？

然而我相信，我曾經看見蚊蠅一個個地將卵散佈在蜂常來的地方。牠們並不將卵掩蓋起來，實際上母親身體的構造上也不能做這件事。纖細的卵就這樣被放在炎熱的日光之下，土粒

之間。至於怎麼樣處理未來的事，那是小蟛蜞自己的任務。

第二年，我繼續我的觀察，這次觀察的是在我們鄰近地方卡里科多瑪的虻蠅。每天早晨九點鐘，當太陽正在升起的時候，我就跑到野外去。待預備回家時，頭已給太陽曬痛，但只要能夠解決我的迷惑，愈是炎熱，我成功的機會也愈多。能使我吃苦的，能使昆蟲快樂；能讓我跌倒的，卻使虻蠅振作。

路上被太陽曬得發光，如同一片熔化了的鋼。從灰色而陰鬱的洋橄欖樹上，一陣顫動的歌聲，那是蟬音樂會，天氣愈是炎熱，蟬愈是叫得發狂。椏樹上的蟬也在尖利地叫，應和普通蟬的單調歌聲。正是這時候了！差不多有五六個星期我有時在早晨，有時在下午，去搜索那些岩石的廢地。

那裏有着許多我所要的蜂窠，但是看不到有一個虻蠅在它們周圍。更沒有一個在我的面前產卵。至多不過有時候看到一個很快地遠遠地飛過。在相當距離外就不見了。所有的情形，就是如此。要想牠們在我面前產卵簡直不可能。我招來很多放羊的小牧童，告訴他們注意大的黑蠅，及牠們常常爬到上面去的蜂窠，但結果也無效。八月末，我的幻想消失了。我們沒有一個曾看到大的黑蠅停在泥水匠蜂的房子上。

這使我相信，牠是從不停止在那裏的。牠只在多石的地面上飛來飛去。當牠飛行時，牠老練的眼光能夠看到牠所搜尋的蜂窠，看到了，立刻飛下去，產卵在上面，連足都不停着地上。如果牠要休息，那就在旁的地方，如土塊上、石頭上、或百里香及歐薄荷的枝上。所以難怪我和小牧童們都找不到牠的卵了。

這時候，我就搜尋泥水匠蜂的窠，因為正是蟛蜞要從卵裏出來的時候。我的小牧童們替我拿來數塊窠，可以裝滿好幾籃；這些東西，我就帶回放在我研究桌上，仔細地觀察。我將繭子從小室裏拿出來，裏裏外外地看；我用放大鏡，觀察它們

昆蟲記

虻蠅

最內層的東西，睡着的幼生，及四周的牆壁，但一點發現都沒有；我花了兩個星期以上的工夫搜尋窠，看過的拋在角落裏，積成一大堆。可以説，我的研究功夫，已經用得很深了。將繭破開來搜尋，還是無用，我仍然看不見甚麼。這件事真是需要百折不回的恆心呢。

最後，我看到，或似乎看見有一樣東西，在蜜蜂幼生上移動。這是幻覺嗎？是我的呼吸吹起的細毛嗎？這並不是幻覺，也不是細毛；牠確確實實是一個蟎蠞呵！但是我最初認為這種發現，並不重要，因為我已經給這種小動物的出現，弄得非常迷惑了。

兩天以後，我得了十隻這樣的蠕蟲，把牠們和蜜蜂蟎蠞一起，一一分放在玻璃管中，牠在蜜蜂蟎蠞上扭動。這東西非常之小，只要皮稍稍皺縮，我就看不見了。第一天在放大鏡下，整天地看住牠，到第二天再來看時，有時找牠不到了。我以為牠已經失掉，隨後牠重新蠕動，於是又看見了。

很久以前，我已經知道，虻蠅幼時有兩種形態，即第一種和第二種形態。第二種我已經看見過，即我們剛才看見在吃食時的蟎蠞。我問我自己道：這是不是第一種形態的新發現呢？時間告訴我確實的。因為最後，我看到這小蠕蟲變化成我剛才説過的蟎蠞，開始用接吻來吸食牠的犧牲者了。這一會兒的滿足，使我從長時間的疲倦裏得到快樂。

這種小蠕蟲，即虻蠅的“初級幼生”，非常的活潑。牠在犧牲者的肥胖的身上爬過，周圍行走。牠一屈一伸，在地上爬得很快，和尺蠖蟲的行動方法十分相像。牠身體的兩端是主要的支撐點。行走的時候，牠伸出來，看去好像一根有節的小繩子。連頭包括在內，牠共有十三節，頭的前部，還有很短很硬的毛。在下方另也有四對這種毛，賴這些毛的幫助，牠就可以行走。

差不多有兩個星期，這柔弱的蟎蟲在這種狀態下，既不長大，也分明不曾吃食，事實上，牠能吃甚麼呢？繭子裏除泥水匠蜂的幼生外，沒有別的東西，而這種蠕蟲本身，在牠未到第二種形態，吸盤即嘴還沒有的時候，是不能吃的。然而，如我以前說的一樣，雖然牠不吃，但並不偷懶。牠視察着未來的食物，在附近地方不住地跑來跑去。

這種長期的絕食是有很好的理由的。在自然狀態之下實所必需。卵是母親生在蜂窠的上面的，距離蜂的幼生還有一些路，並且還有厚壁壘的保護着。尋路到食物去，是蟎蟲自己的事，激烈的方法牠不會，只能很耐心地爬過一條裂縫中的迷路。對於這種細長的蠕蟲，這工作很困難，因為蜜蜂的土房非常緊密。既沒有因建築不好而破裂的缺口，也沒有因天氣不好而裂開的縫。照我看來只有一個弱點，也只在少數的窠中，就是房屋與石頭接連的那一條線。然而這種弱點也很少見，我相信虻蠅蟎蟲能夠在蜂窠牆壁上任何地點找路進去。

這蟎蟲非常之弱，除掉堅強的忍耐之外，一無所長。牠須經過多少時間的工作才能進這土房，我不能說。這種工作是如此困難，而工人如此之屝弱！在有些情形下，我相信，很慢的旅行走到目的地，也許要經過數月之久。所以，你看，這種專以穿通牆壁為事的第一形態的蟎蟲，沒有食物也能夠生存，是很幸運的。

最後，我看到我的小蠕蟲，皺縮起來，脫去外皮。於是牠們就成了我所知道的，也是我在希望着的虻蠅蟎蟲，乳色的長瓶子，頭上有個小鈕釦。很緊地將圓吸口放在蜜蜂蟎蟲的身上，牠開始吃食了。其餘的你已完全知道。

在未拋下這個小動物不談以前，讓我們來注意一下牠奇怪的本能。讓我們想像牠剛剛跑出牠的卵，剛剛在酷熱的日光下獲得生命的時候，只有石頭是牠的搖籃；當牠來到世界上時，

沒有誰歡迎牠，牠只是半硬物質的一條線。忽然，牠和燧石的物質競爭。頑強的將石頭上每個小孔都測探過；牠溜進去，向前爬，退出來，重新再試。究竟是甚麼感覺驅使牠向食物處去，是甚麼指南針指導牠的呢？牠曉得那裏的深度或有甚麼東西臥在裏面麼？不曉得的。植物的根曉得土地的膏腴嗎？也不曉得的。然而植物的根和這種小蠕蟲都能向有營養的地點去。為甚麼呢？我不知道。甚至我不想知道。這個問題我們是無法解答的。

　　現在我們繼續說明虻蠅一生的歷史吧！牠的生命可分四個時期，每一個時期都有牠特別的形態和特別的工作。最初的幼生，跑進貯有食物的蜂窠；第二次的幼生吃食物；蛹穿通圍住的牆，使成蟲能到日光下來；成蟲散佈牠的卵。於是這故事又周而復始。

趣味重溫（2）

一、你明白嗎？

1. 按照法布爾的論述，下列動物中，具有"音樂"天分的是 _____；
   堪稱"建築家"的是 _____；兩種能力兼而有之的是 _____。
   a. 蟋蟀　b. 兔子　c. 狐狸　d. 虎甲蟲　e. 蟻獅　f. 蟬

2. 下面所列昆蟲哪一個沒有其他三個所具有的特出才能？_____
   a. 金腰蜂　b. 黃蜂　c. 蝗蟲　d. 蟋蟀

3. 根據法布爾的觀察，下列昆蟲中有寄生關係的是 _____。
   a. 金腰蜂——虻蠅　　　b. 黃蜂——蟋蟀
   c. 蝗蟲——虻蠅　　　　d. 黃蜂——虻蠅

二、想深一層

1. 法布爾以人性關照蟲性，通過擬人化的描寫，使一個個可愛的小生靈
   躍然紙上。你能找出下面描寫的是哪些昆蟲嗎？
   a. 金腰蜂　b. 黃蜂　c. 蝗蟲　d. 蟋蟀　e. 虻蠅
   （1）牠是個道地的哲學家，知道萬事的虛幻，並感覺到避開快樂追求
   　　　者擾亂的好處。_____
   （2）雖然牠是如此漂亮的花花公子，但是牠穿的衣服太短了。_____
   （3）當牠飛行時，牠老練的眼光能夠看到牠所搜尋的蜂窠，看到了，
   　　　立刻飛下去，產卵在上面，連足都不停着地上。_____
   （4）如果我們太靠近去觀察牠們，就會刺激這些容易發怒的戰士來攻
   　　　擊我們。_____
   （5）牠只有時利用尖銳的眼光，有時利用靈敏的觸鬚，視察烏黑的天
   　　　花板、木縫、煙筒，特別是火爐旁邊。_____

2. 法布爾為了揭開昆蟲之謎，做了許多有趣的實驗。請閱讀〈黃蜂〉一章，回答下列問題。

(1) 根據法布爾對實驗的描述找出他為了解黃蜂共做了哪些實驗，並用哪些實驗用具來完成實驗？將對應項連線配對。

實驗工具

〈1〉石油，空蘆管，黏土

〈2〉玻璃罩

〈3〉軟木頭

〈4〉鋸蠅的幼蟲

〈5〉蜜汁

實驗目的

a. 了解黃蜂築巢的方法和原料

b. 觀察黃蜂幼蟲的餵食與成長

c. 移取、觀察黃蜂的巢

d. 了解黃蜂飛行受阻時是否有足夠智力逃生

e. 觀察黃蜂如何對待外來闖入者

(2) 根據實驗結果，判斷下列有關黃蜂的評論是否正確？正確的劃"√"，錯誤的劃"✗"。

a. 黃蜂非常具有攻擊性。（　　）

b. 黃蜂的動作常常根據物理學和幾何學的定理，可知牠們非常聰明。（　　）

c. 玻璃罩的實驗證明，黃蜂的行動不能超越本能。（　　）

d. 在黃蜂的社會裏有嚴格的分工和"法律"。（　　）

e. 從黃蜂看護和殺死蟎蟲看，黃蜂是一種喜怒無常的昆蟲。（　　）

f. 黃蜂具有超強的繁殖能力。（　　）

3. 在〈蟋蟀〉一章中，法布爾運用擬人手法，生動刻畫出蟋蟀的形象。閱讀下列各句，體會作者是如何運用人物描寫的手法來塑造蟋蟀？將

對應各項連線配對。

(1) 那裏所出現的，是一個襁褓中的蟒蟒，穿着裹緊的衣服。還不能完全辨別出來。……蟋蟀和螽斯是同類，雖然事實上並不需要，但牠也穿一件同樣的制服。

a. 神態描寫

(2) 這被搔癢和窘惱的蟋蟀從後面房間跑上來了；停在過道中，猜疑着，鼓動牠的細觸鬚打探。

b. 語言描寫

(3) 牠也不訴苦，對於牠的房屋和小提琴都很感滿足。牠是個道地的哲學家，知道萬事的虛幻，並感覺到避開快樂追求者擾亂的好處。

c. 動作描寫

(4) 這位礦工用前足扒土，並用大腮的鉗子，咬去較大的礫塊。我看到牠用強有力的後足踏，後腿上有兩排鋸齒；同時我也看到牠清掃塵土，推到後面，將它傾斜地鋪開。

d. 外貌描寫

(5) 隱士說道：「飛走吧，整天兒到你們的花裏去徘徊吧，不管菊花白，玫瑰花紅，都不足與我低凹的家庭比擬。」

e. 心理描寫

三、延伸思考

1. 法布爾在評述《昆蟲記》時說，撰寫這部著作講究的是"準確記述觀察得到的事實，既不添加甚麼，也不忽略甚麼。"你同意這種態度嗎？為甚麼？

2. 你認為法布爾對昆蟲的觀察研究態度，可以用在你生活上的哪些方面？

參考答案

趣味重温（1）

一、你知道嗎？

1.
(1)──a
(2)──b
(3)──c
(4)──d
(5)──e

2. c
3. b

二、想深一層

1.
(1)
（7）（6）（4）（8）（1）（2）（3）（5）
(2) d

2.
(1)──a
(2)──b
(3)──c
(4)──d
(5)──e

3.
(1)
a. 蜣螂；槓桿
b. 蟬；鈸
c. 螳螂；拐杖
d. 恩布沙；僧帽
e. 白面孔螽斯；紀念物
f. 螢火蟲；燈
(2) 比喻；本體；喻體

三、延伸思考
（此部分不設答案，讀者可自由回答。）

趣味重温（2）

一、你知道嗎？

1. a f；ab；a
2. c
3. a

二、想深一層

1.
(1) d
(2) c
(3) e
(4) b
(5) a

2.
(1)

(2)
a.（√）
b.（✗）
c.（√）
d.（√）
e.（✗）
f.（√）

3.
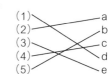

三、延伸思考
（此部分不設答案，讀者可自由回答。）

昆蟲記

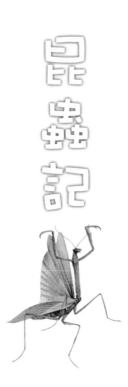